我国山区河流

漂石河道水沙运动研究探析

叶　晨◎著

吉林大学出版社

·长春·

图书在版编目（ＣＩＰ）数据

我国山区河流漂石河道水沙运动研究探析 / 叶晨著 .
长春：吉林大学出版社 , 2024. 8. -- ISBN 978-7-5768-
3592-2

Ⅰ. TV147

中国国家版本馆 CIP 数据核字第 20242WE144 号

书　　名：我国山区河流漂石河道水沙运动研究探析
WO GUO SHANQU HELIU PIAOSHI HEDAO SHUISHA
YUNDONG YANJIU TANXI

作　　者：叶　晨　著
策划编辑：李伟华
责任编辑：陈　曦
责任校对：张文涛
装帧设计：中北传媒
出版发行：吉林大学出版社
社　　址：长春市人民大街 4059 号
邮政编码：130021
发行电话：0431-89580036/58
网　　址：http://www.jlup.com.cn
电子邮箱：jldxcbs@sina.com
印　　刷：三河市龙大印装有限公司
开　　本：787mm×1092mm　　　1/16
印　　张：13
字　　数：135 千字
版　　次：2025 年 4 月　第 1 版
印　　次：2025 年 4 月　第 1 次
书　　号：ISBN 978-7-5768-3592-2
定　　价：75.00 元

前 言

PREFACE

　　山区河流受地震、滑坡、暴雨山洪等灾害影响，河床组成颗粒级配宽，且易形成粗大颗粒占优的漂石河段，从而制约局部区域的水沙输移、河床调整及其生态环境构建。漂石河段的水流运动、泥沙输移及河床冲淤变形内在相互影响突出，局部区域的水流结构及河床冲淤互馈机制尚缺乏系统研究。为此，本书以岷江支流白沙河与龙溪河典型漂石河段的野外调查为基础，结合室内试验与理论分析的方法，研究了不同水沙条件下漂石河段水沙运动及河床冲淤响应，揭示了漂石河床局部区域的洲滩发育过程，并进一步研究了漂石作用下的植被洲滩影响的水沙运动特征，为山区河流漂石河段的水沙灾害防治与生态环境保护提供了一定的理论支撑。主要研究内容具体如下：

　　（1）暴雨山洪极易形成漂石河段，从而快速改变河床局部形态特征。基于岷江支流白沙河与龙溪河漂石河段实地调查，白沙河与龙溪河的平均粒径粗大，漂石占比超过 10%，从平面结构来看，漂石具有孤立型、阶梯型、交错型等单个或群体结构形式，漂石上游易形成冲坑，而下游则形成淤积带，且易发育成漂石洲滩，甚至植被洲滩。漂石或漂石洲滩的形成显著改变局部河床比降，从而制约河流形态发育，其规模与漂石大小及洲滩颗粒粒径相关。

（2）单个漂石或漂石阵列显著调整局部水流结构。其中，单漂石与漂石阵列的近尾流区位于漂石下游 $2D$（D 为漂石粒径）的范围，近尾流区存在近底逆流，且该区域内紊动能、紊动强度及耗散率均出现激增趋势，相对于平面床面，紊动能与紊动强度的极值点从床面偏离至漂石顶部，雷诺应力在漂石顶部出现方向逆转及极值点，而床面切应力则在近尾流区 $1.5D \sim 2D$ 出现激增变化。此外，在漂石近尾流区，漂石阵列间距、床沙粒径、河床的透水性等条件可显著影响漂石区域的水流结构，漂石阵列可有效降低漂石河床床面切应力，从而减少漂石河床的泥沙输移。

（3）漂石结构调整河床局部冲淤过程及洲滩发育。清水冲刷条件下的漂石河床，漂石区极易形成冲坑，致使漂石失稳下陷，甚至溯源移动。在均匀沙河床中，漂石的位移受到漂石大小及水流强度影响，漂石下陷深度与漂石大小及水流强度分别呈良好的线性与对数关系，并可通过一定函数公式预测：上游泥沙补给时，受漂石周围水流变化影响，上游来沙以横向带状溯源淤积为主，而下游则两侧淤积突出，极易形成漂石洲滩。此外，上游来沙过程和漂石数量及分布形态制约着漂石区的河床淤积发育形态。

（4）植被及泥沙补给加速洲滩发育及减小支汊过流能力。漂石洲滩的形成，常导致主河多汊过流，其洲滩发育及分流特性受漂石洲滩植被和泥沙补给的多重影响。泥沙在植被洲滩河道中呈波状输移，植被周围形成小型沙丘，泥沙多落淤洲头及洲尾，促使洲滩的快速发育，调整支汊发育及其过流能力分配，其中加沙和植被根茬使得植被洲滩河道的左汊分流比的平均变幅分别达到 -19.7% 及 26.4%。

叶　晨

2024 年 6 月

目　录
C O N T E N T S

—— C O N T E N T S ——

第 1 章

绪　论

1.1 研究背景及意义

我国有三分之二的国土面积为山区与丘陵（谢洪 等，2000），山区河流众多，受到地质活动（地震、滑坡等）和强人类活动的影响，致使坡地及沟谷岩体损伤，而堆积形成的松散物源（曹叔尤 等，2009，2016），在发生强降雨时，极易诱发山洪、山体崩塌、山体滑坡和泥石流等次生灾害（章书成，1989；Calle et al.，2017）。我国西南山区属于地震高发地带，自 2008 年四川汶川地震以来，泥石流、滑坡等自然灾害频发，如 2010 年四川省绵竹市清平乡 "8·13" 泥石流灾害（许强，2010）、2010 年 "8·13" 四川省都江堰市龙池泥石流及 2013 年 "7·10" 都江堰市三溪村泥石流等。大量实地调查和研究表明，泥石流所携带的泥沙大约 90% 存在于泥石流阶地和堤坝，约 10% 泥沙则会进入河道中（Keller et al.，2015）。山区河流具有的坡陡流急、洪水陡涨猛落等特性，也使得崩塌、滑坡产生的漂石输移至山区河道内，影响河道水流结构及河床冲淤变化（崔鹏 等，2005）。

山区河道中，大量巨大漂石常打破并割裂原有的相对平整的河床，漂石河段内水流结构突变（Chin，1989；Montgomery et al.，1997；Knighton et al.，2000）也会引起河床急剧调整，形成大量形态各异的漂石群结构，如阶梯深潭、漂石洲滩等。从生态环境角度来讲，漂石及漂石群的存在，能够降低河道内局部水流流速，减小紊动尺度及紊动能耗散效率，从而大大地改善山区河流生境的水流结构（李文哲 等，2014）。

漂石河段的漂石、水流与泥沙三者构成了一个相互作用的复杂关系（见图1-1）。在三者之间，水流作为唯一的液相因素，是动量、能量与物质的传输介质，水流在其运动过程中挟带并输移泥沙，促成漂石与泥沙的相互影响。一方面，漂石束窄河道，在使水流流向及水流结构发生变化的同时，改变泥沙输移规律；另一方面，泥沙输移规律改变也反作用于河床，引起河床冲淤变化并加剧漂石的掩埋或裸露，漂石群结构形态及洲滩发育也必然受到河床冲淤的影响。因此，三者密切的相互作用共同影响着山区河流的演变过程以及河流生态环境。

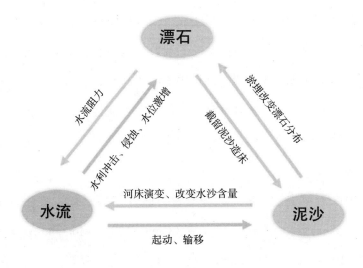

图1-1　漂石、水流及泥沙关系

以往关于山区河流粗颗粒河床的研究大多集中在卵砾石河床，但粒径巨大的漂石河段的水沙运动相较于较小粒径组成的河床，在水沙运动及河床冲淤变形规律及机理上存在显著差异，漂石河段的水流结构和河床响应涉及漂石、水流结构及泥沙输移，三者之间互馈作用，内在作用机制复杂，现状研究对其缺乏深入认识。为此，本书以山区河流漂石河段野外调查为基础，通过室内试验、理论分析，研究了不同来水来沙条件下漂石局部水沙运动及河床冲淤变形规律，着重讨论了不同漂石和漂石群分布下的水流结构突变机理，以及大量泥沙补给影响下的漂石洲滩发育过程与植被洲滩河道的水沙输移运动规律。

1.2　国内外研究现状

1.2.1　漂石河段河床形态

漂石指由冲积或洪积而成，粒径较大、表面浑圆、棱角较少的泥沙颗粒（见图 1-2），它的形成可分为两个过程：由岩石风化或者地震、山体崩塌等地质作用造成岩体松动形成山石；在山洪冲击和河水搬运作用下逐渐磨平成为漂石，国内外对漂石的划分具有不同标准，温特沃思（Wentworth）分类法及美国地球物理学会（The

American Geophysical Union，简称 AGU）分类标准认为漂石是粒径大于 256mm 的泥沙颗粒；本书引用我国水利部对粒组的划分标准（见表 1-1），即粒径大于 200mm 的为漂石。

图1-2　天然漂石河段

表1-1　我国水利部对粒组的划分标准

名　称		粒径 d/mm
漂　石		$d > 200$
卵　石		$200 \geqslant d > 60$
砾　粒	粗　砾	$60 \geqslant d > 20$
	砾　粒	$20 \geqslant d > 5$
	细　砾	$5 \geqslant d > 2$
砂　粒	粗　砂	$2 \geqslant d > 0.5$
	中　砂	$0.5 \geqslant d > 0.25$
	细　砂	$0.25 \geqslant d > 0.075$
粉　粒		$0.075 \geqslant d > 0.005$
黏　粒		$d \leqslant 0.005$

经由暴雨洪水、滑坡、泥石流或冰川等的输移作用（Keller et al.，2015），漂石多分布于山区河流上游段（Grant et al.，1990；Montgomery et al.，1997；Dahm，2014）。在陡峻、蜿蜒曲折及粒径级配较宽的河段中，漂石为抵抗水沙运动对河床的冲刷作用，而逐渐自然发育形成孤立型、阶梯型、交错型等单个或阵列结构的漂石河床形态（Chin，1989；Montgomery et al.，1997；Knighton，2000）。1976 年，Laronne 和 Carson 在考察塞尔的布鲁克河（Seale's Brook）时发现河床中呈无序分布的单个漂石，其覆盖面积只占总河床面积的 5%～10%，相比之下更常见的为漂石阵列分布，其占比超过 15%。漂石河床形态的多样性及分布特征不仅与漂石自身有关，还与其特有的地理环境相关：在大比降河道中，主要为阶梯-深潭结构；在中等比降河道，以漂石洲滩、肋状结构、交错随机结构为主；在小比降的河道中，则多为石簇结构（Grant et al.，1990；Wohl et al.，1994；Montgomery et al.，1997；Wang et al.，2009）。其中，阶梯-深潭是指在河道横向上漂石占据整个河宽，纵向上呈现阶梯状，整体由一段陡坡和一段缓坡及深潭相间连接而成的河床结构（Grant et al.，1990；Chin，2002）；漂石洲滩是由漂石和卵石洲滩组合而成的一种特殊结构；肋状结构是指漂石沿河宽呈横肋排列形成的河床结构（Bannerjee，1971）；交错随机结构由多个漂石交错随机分布组成；石簇结构是指漂石的暴露高度高于周围河床的平均高度而形成的河床结构（Reid et al.，1992；Papanicolaou et al.，2003；Strom et al.，2007a）。在山区河流中，巨大漂石的存在打破了原河道的平整性，河床的非均匀程度增加，从而影响河道中浅滩的发育，加速河流地形地貌的演变（MacWilliams et al., 2006；Pasternack et al., 2008；Sawyer et al., 2010；White, 2010）。由于漂石的阻水作用，细颗粒泥沙随水流运动至漂石处产生局部淤积，充填在漂石周围。天然河流中几乎所有具有漂石结构的河床，在其漂石背水面都会产生泥沙堆积，且多为粗糙的鹅卵石及细小的砾石（Laronne et al., 1976）。在上游泥沙补给丰富的情况下，漂石下游还易发育形成漂石洲滩。

认识漂石分布、泥沙补给过程与漂石洲滩发育之间的联系是掌握山区河流漂石河段河床演变规律的必要途径。现有针对漂石河床形态的研究多集中于阶梯–深潭或石簇结构，对于漂石洲滩形成机制研究较少，因此，在漂石分布如何影响河道水流聚、散和再循环流动过程、泥沙沉积和沙洲浅滩发育位置、漂石特性与泥沙输移及河流形态的关系等方面，目前能获得的参考信息也十分稀少，因此，本书开展对山区河流漂石河段的野外调查，分析河道中的床沙组成、漂石分布及漂石河床形态特征，重点探究漂石分布与漂石洲滩形成之间的联系。

此外，山区流域降雨的季节性导致径流季节性分布不均匀，造成大量漂石洲滩长期裸露于水面，在春夏季节，由于水和养分的持续可用，水生和亲水植被沿漂石洲滩和河岸迅速生长，形成大面积的植被群。山区河道中滩地植被主要包含柔性植被、灌木及乔木，漂石洲滩以一年生的草本植物为主（Gilvear et al., 2010）。植被发育与洲滩演变和防洪安全密切相关，对于新生成的漂石洲滩，植被在横向上覆盖洲滩，在纵向上通过根系固结洲滩上的沙石，起到固滩固岸的作用。植被生长和植被群的形成是河道洲滩演变为洲岛的第一阶段（Poff et al., 1990；Edwards et al., 1999；Gurnell et al., 2010），也是新洪泛区建立的关键因素（Parker et al., 2011；Asahi et al., 2013）。在天然河流（Beschta et al., 2006；Hooke, 2007）、实验室（Tal et al., 2007, 2010；Braudrick et al., 2009）及数值模拟实验（Murray et al., 2003；Perucca et al., 2007；Perona et al., 2009；Crosato et al., 2011）研究中均发现植被能够降低河流辫状化程度，抵御山洪挟沙径流对河道形态的迁移构造，减少河岸侵蚀，有效改善山区河流水生态环境（Gurnell et al., 2006, 2012a, 2012b；Bertoldi et al., 2011；Vargas-Luna et al., 2015）。

植被河道的水流结构、泥沙输移及洲滩的演变是极为特殊而复杂的问题。大量试验研究（Tsujimoto, 1999；Bennett et al., 2010；Nepf, 2012；Huai et al., 2013, 2014ab；Liu et al., 2016；Yagci et al., 2016；Errico et al., 2018）结果表明，植被的存在会影响水流结构，增加河道局部水力粗糙度，改变植被区床面剪切应力和植被区内泥沙沉积，对于泥沙输移运动及河床形态构造等有不可忽视的作用。目前关于植被河道的研究大多为单一河道，针对复式河道及洲滩分流河道的研究尚不充分。因此，探究有植被洲滩河道内的水流结构及泥沙运动特性，对于理解植被水沙之间的相互作用机制、洲滩发育过程中植被洲滩分水分沙模式以及影响洲滩发育进程有着重要意义。

1.2.2　漂石河床水流结构

漂石从构成角度上可看作河床骨架，在功能上控制着河道水力学过程，通过调整河床内的流速分布，影响泥沙输移过程，从而改变漂石河段的河床形态（Buffin-Bélanger et al.，1998；Strom et al.，2004；Hassan et al.，2010）。根据许多学者的研究和总结，漂石周围的三维流动模式及水流结构如图 1-3（b）所示。对于非淹没状态的漂石，与桥墩、桩柱及栅栏类似（Dey，1995；Dey et al.，2007），水流流经漂石时，在漂石表面产生压力梯度，导致其迎水面和背水面水流形成分区，形成加速和减速流动的区域（Okamoto，1979），其涡旋结构分为三个部分：①围绕正面和侧面区域的马蹄形涡流系统；②邻近下游区域的尾流涡流系统，其拱形剪切层从漂石的背水面分离后，在下游一定距离处重新附着至床面，水流反转流向漂石的再循环区，该区域为近尾流区，为泥沙沉积发生的地方（Papanicolaou et al.，2012；Hajimirzaie et al.，2014）；③位于漂石中下游的尾涡区，属于尾流涡旋扩散的区域，也称远尾流区（Shamloo et al.，2001；Pattenden et al.，2005；Euler et al.，2012；Dixen et al.，2013）。对于淹没状态的漂石，除上述涡外，还存在产生于漂石顶部分离线之后的拱形涡旋，产生于漂石顶部分离线之后，且其再附着点在漂石邻近下游的最低压力处（Okamoto et al.，1977；Baker，1979；Tsakiris et al.，2014）。

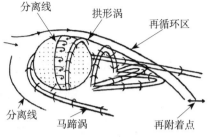

（a）漂石河段水流结构突变　　　　　（b）漂石局部三维涡旋结构

图1-3　漂石局部水流结构变化

在类似的桥墩涡流结构中，马蹄形涡和下潜水流是桥墩局部发生冲刷的主要原因（Dargahi，1990；Fan et al.，1990；Durst，1991；Ahmed et al.，1998；Graf et al.，2002；Ansari et al.，2002），而漂石周围的涡旋系统中马蹄形涡也是导致漂石周围河床发生侵蚀的最重要的动因，它会导致漂石局部河床剪切应力增加，即使在水流条件尚未达到泥沙起动临界条件的前提下，漂石上游及侧向仍能产生河床冲刷（Simpson，2001；Unger et al.，2007；Kirkil et al.，2008）。并且马蹄涡是漂石下游近尾流区泥沙淤积的主要成因：马蹄形涡将漂石两侧的汊流向内拉向漂石中轴线，从而使得上游受涡旋所挟带的泥沙被夹带至再循环区域内，最终落淤在漂石下游的近尾流区内，并且促使漂石周围的速度流场向尾流中心区域的上游流动，在漂石近尾流区产生逆流现象（Savory et al.，1986；Hajimirzaie et al.，2012）。由此看出，漂石近尾流区为漂石河床水流结构变化及泥沙输移最剧烈、河床变形最明显的区域。

山区河流中，近底水流结构控制着推移质输沙快慢与尺度（Krogstad et al.，1992；McLean et al.，1994），而巨大漂石则主导了河床近底水流结构形态。漂石的出现可能导致局部水域发生平均流场转换、湍流加剧和床面切应力沿程改变等一系列变化（Roy et al.，2004；Miller et al.，2010；Lacey et al.，2012；Branco et al.，2013）。Tritico 和 Hotchkiss（2005）、Strom 和 Papanicolaou（2007b）、王宪业等人（2007）发现粗糙颗粒和突出岩屑促使周围水流结构产生突变，近底水流尤其明显，在卵砾石河道的近底 0.2 倍水深附近极易出现紊动能"尖钉"现象。萨德克（Sadeque）等人（2008）观察到漂石群下游处尾流涡流交替脱落，伴随产生表面波，但下游水流极少受漂石附近脱落的涡旋影响，而沿水深方向产生了连续的微湍动水流结构（Lacey and Roy, 2008）。漂石下游的垂向流速分布偏离传统的对数分布规律（Sadeque et al., 2008），但符合对数亏缺律及 Coles（1956）提出的尾流函数（Papanicolaou et al., 2012）。戴伊等人（Dey et al., 2011）通过试验发现平整的光滑或粗糙床面中的紊动强度的最大值都在靠近槽底处，而漂石的存在则使得紊动强度的最大值偏离槽底，此研究结果表明漂石对周围水力运动要素的影响比较固定且集中于近底床面。床面切应力作为体现近底水力特性的重要指标，能够在一定程度上反映水流的挟沙能力及泥沙输移的变化。Lacey 和 Roy（2008）发现对于处于完全淹没的漂石石簇结构，沿主流方向垂向雷诺切应力远高于其余方向。Yager 等人（2007）认为在漂石交错分布于河床内时，导致局部水流形状阻力增加从而承受了大部分的床面切应力，因此引起漂石上游及两侧的冲刷作用；另一方面，漂石束窄了河道泥沙输移可用面积，使得床面切应力仅余下较少部分用于细颗粒泥沙的输移。帕帕尼科拉乌（Papanicolaou）等人（2012）进一步指出，漂石的近尾流区内，水流形状阻力可达表面摩擦阻力的两倍，但近尾流区内可用于携带泥沙的切应力却大约只有其他位置的 50%。从水环境生态角度来看，漂石周边能形成低剪切应力区域的特性，对该区域内的附生生物和无脊椎动物的繁殖及生存发挥着重要作用（Biggs et al.，1997）。因此，将漂石应用于增强和改善鱼类及底栖动物栖息地环境也为自然环境治理和保护提供了一种新的思路（Baki et al.，2014，2015）。

床面形态特征、水流条件及物体自身特征是影响河道内大型物体周围水沙运动的关键要素（Hannah，1978；Melville et al.，2000；Trembanis et al.，2007；Friedrichs et al.，2016a，2016b）。卵石河道中微地貌形态和排列方式通过改变局部水流结构，不断转换河道内水流的挟沙能力，从而影响泥沙起动和推移质输沙过程（Laronne et al.，1976）。在开放、松散的河床结构中，泥沙移动性大，而紧密河床结构的泥沙移动性则偏小（Laronne et al.，1976）。大量粒径粗大的卵砾石与径流共同作用会分割床面，形成网状河床结构，各网格内部产生低床面切应力区域，而其中的泥沙输沙强度则以几个数量级的幅度迅速减小（Church et al.，1998）。还有一些研究表明石簇结构能有效制约细颗粒的运动（Strom et al.，2004，2007a；Wittenberg et al.，2007），究其原因，漂石对细颗粒的隐蔽作用及阻水作用使得水流流速减小，细颗粒所受的上举及拖曳力也随之降低，从而保护河床物质不受挟沙水流的侵蚀（Reid et al.，1992）。由此可知，漂石阵列中漂石分布形式（如密度、间距、漂石间夹角）也是显著影响漂石河段内水沙运动的重要参数。Oertel 等人（2011）通过研究交错分布漂石构成的结构化鱼道，发现鱼道内漂石的分布间距与夹角能显著影响鱼道内的水流结构。Baki 等人（2016）通过比较分析交错分布的漂石鱼道内的水深和速度变化，发现水流阻力随着漂石间距而显著变化。李文哲等人（2013，2014）认为漂石群所构成的阶梯－深潭河床，位于阶梯上沿流向的时均流速占主导，而水流在垂线分布上则接近对数分布。另外，漂石阵列如阶梯－深潭能够通过漂石尾流及其形状阻力消耗大量水流能量，消能效果较床面摩擦更为高效，并在一定程度上抑制了推移质输沙强度（余国安 等，2008；Wilcox et al.，2011；李文哲 等，2013，2014，2017），从而延缓河道下切，维持河床稳定，为水生生物提供了稳定的栖息地和避难场（Biggs et al.，1997；刘怀湘 等，2011）。漂石局部水流运动与推移质运动相互影响，并且相互制约（Baki et al.，2014）。阶梯－深潭、漂石洲滩等漂石阵列的形成和发育必然与河床的泥沙输移相关；汛期洪水发生时，上游泥沙持续补给显著细化了漂石河段的床面颗粒，从而增强了局部河床的泥沙可动性，漂石被部分掩埋，进一步导致暴露高度减小，对水流的影响范围也同步缩小，改变了漂石河床流场结构，水流作用逐渐占据主导地位，挟沙能力大大增加，甚至引起漂石阵列的破坏（陈群 等，2003）。李志威等人（2017）发现推移质运动的增强会改变漂石周围水流能量分配，使得漂石阶梯上水流紊动增强，并且由于推移质在深潭中淤积，导致深潭淤埋，深潭中紊动大为减弱，消能率降低。

此外，河道内障碍物的相对淹没度（h/D，其中 h 为水流深度；D 为障碍物高度）是控制速度场中的流速、剪切应力分布及泥沙沉积与冲刷的核心要素之一（Papanicolaou et al.，2010；Cooper et al.，2013）。不同的淹没度下，漂石局部的速度场及泥沙输移有不同特征。依照 Shamloo 等人（2001）在一半球体实验的定义，漂石的相对淹没度可划分为 $h/D > 4$ 及 $h/D < 4$。当 $h/D > 4$ 时，漂石淹没深度很大，并且自由表面上的水流不与漂石下游尾流相互作用，但在山区河流中，由于坡度陡、水深浅，大漂石长期处于浅水或非淹没状态，只有在大规模洪水期间被完全淹没，因此较少涉及此种淹没情形；当 $h/D < 4$ 时，为低淹没情况，水流流动的自由表面及上层水体与尾流产生混合作用，漂石尾流区内的水流结构也更加复杂。Dey 等人（2008）在低淹没度实验中发现圆柱体周围的马蹄形涡旋的大小和强度随着淹没度的增加而减少。Kucukali 和 Cokgor（2008）发现淹没状态下的漂石使得局部气体交换效率迅速降低，水流阻力随之快速减小。Papanicolaou 等人（2011）认为在低相对淹没状态下，平均床剪应力可能取决于弗劳德数。

综上所述，前人通过模型试验和数值模拟等研究方式对孤立或群体结构的漂石周围的水流结构和泥沙输移过程等问题进行的现象性规律探讨和模拟计算结果表明：漂石近尾流区是影响漂石河床水流结构及泥沙输移的重要区域。然而，目前关于漂石近尾流区内的水流结构变化特性及泥沙输移过程及规律的总结尚不清晰，尤其是漂石分布如何作用于漂石近尾流区内流速和紊动特性变化，以及如何影响近尾流区的河床形态变化等，同时，漂石近尾流区的作用范围也尚未明确界定。另一方面，多样的漂石阵列分布形式使得尾流中形成不同形式高强度的紊流加剧了漂石河床床面切应力空间分布的不均匀性及复杂性。而目前，关于漂石阵列分布形式的研究多集中在交错分布（Yager et al.，2007；Papanicolaou et al.，2011，2012；Yan Liu，2016；Baki et al.，2014，2015），或阶梯深潭结构（Wang et al.，2009；余国安，2009；李志威 等，2017），并且多基于清水、定床或野外实验（Papanicolaou et al.，2012；Baki et al.，2014），对于漂石洲滩鲜有涉及，也缺少对漂石洲滩冲刷过程的水流结构及河床形态变化的研究。此外，上述研究主要针对河中大型工程类的非淹没固定物体（如桥墩、栏栅等）（Schuring et al.，2010；Ettema et al.，2011；Sheppard et al.，2011；Briaud，2015），区别于一般浅滩桥墩以及天然山区河道中的浅水漂石，也忽略了漂石随水流的可移动性。而动床条件下漂石的移动意味着漂石局部将发生河床切应力重分布、冲坑再次发育以及局部河床再调整，这类变化都会加剧漂石冲刷过程的复杂性，对其机理探讨产生决定性影响，因此其重要性不可忽视。本书利用流动可视化的测量设备（如粒子追踪测速系统，PTV），捕捉瞬时流场内紊流及床面切应力等的变化（Drake et al.，1988；Lee et al.，1994；Nokes et al.，2009；Smart et al.，2010；Nezu et al.，2011），并通过试验阐述说明漂石冲刷过程中的水流结构变化，以便更清楚地揭示其内在作用机理。

1.2.3　漂石河床冲淤变形

漂石–水流相互作用在泥沙输移过程和河床形态演变过程中起着非常重要的作用。当漂石周围河床剪切应力超过泥沙起动的临界值时，水流开始在漂石周围形成冲刷，漂石也随之嵌入河床中。随着冲刷过程的继续，冲刷深度不断加大，漂石与下游冲坑间的斜坡逐渐变陡，漂石的承载面积减小，施加于泥沙上的荷载越来越大，一旦超过泥沙的休止角及床沙的承载能力，漂石在自身重力和水动力作用下，将滚落入冲刷坑内。Voropayev 等人（2003）对渐进式浅滩波下短圆柱体的冲刷过程进行划分：①无冲刷；②初始冲刷；③冲刷扩大；④周期性冲刷–球体掩埋。而 Truelsen 等人（2005）将水流对球体的冲刷过程分为三个阶段：①冲刷，初始阶段水流冲刷球体周围的沙子，形成冲刷坑或沟，减少上部球体的承载面积；②物体下沉，在到达临界承载区域后球体开始沉入沙中；③回填，在球体和冲刷坑之间的空间中逐渐充满泥沙。上述划分与在实际天然河流中，漂石的冲刷过程及泥沙补给下的回填过程存在一定差异：天然河流中，水流在漂石上游泥沙冲刷并形成冲坑，在下游淤积，两侧则形成冲沟，而随着冲坑的加深，漂石跌入冲坑内，水流结构重新分布，河床则开始新一轮的冲淤变形。漂石上游的冲坑是引起漂石位移及河床变形的起始条件。研究表明河道中大型物体局部的河床冲刷过程不仅由物体的大小、形状和排列、床料的粒度分布、相对淹没度和流动强度 u_m/u_c（平均流速 u_m 相对于颗粒运动起始的临界速度 u_c）以及冲刷过程的持续时间来控制（Hannah，1978；Melville，1997；Hoffmans et al.，1997；Melville et al.，2000；Rennie et al.，2017），也与物体的预埋深度有关（Euler et al.，2017）。Dey 等人（2008）研究了部分预埋的圆柱体，发现柱体高度对局部冲刷过程有显著影响。Dixen 等人（2013）对预埋的半球体周围的流动和冲刷进行了数值和实验研究，也发现半球体的冲刷深度与掩埋深度有关。Euler 和 Herget（2011）发现固定圆柱体的冲刷深度与相对淹没度及雷诺数密切相关。王协康等人（2016）指出随着流量的增加，漂石局部区域的冲刷范围及最大冲深显著加大。并且半球体前的最大冲深近似为 0.67 倍的球体直径（Shamloo et al.，2001）。

漂石前的冲坑发育促使漂石不断嵌入河床，暴露高度降低，河床趋于平整。研究表明预期冲刷引起的下陷的平衡深度与来流速度、泥沙特性以及漂石大小、形状和密度等因素密切相关。其中 Shields 参数是影响沙床上物体嵌入深度的核心参数，对于来流 Shields 参数 $\theta=u_0^2/[gd_s(\rho_s/\rho_w-1)]$，其中 u_0 为来流流速；对于泥沙临界起动，$\theta_{sc}=u_*^2/[gd_s(\rho_s/\rho_w-1)]$，其中 d_s 为床沙代表粒径，u_* 为摩阻流速。淹没物体相对于物体粒径的最大嵌入深度（e_m/D）随 Shields 参数的增加而增加（Friedrichs et al.，2016a，2016b），并且两者之间存在一定的函数关系：$e_m/D = a\theta_{sc}^b - c$。Whitehouse（1998）通过圆柱体试验拟合发现上述公式中系数 $a=11$，$b=0.5$，$c=1.73$；Demir 和 García（2007）通过圆柱体下陷试验发现公式系数为 $a=2$

且 $b=0.8$；而 Sumer 等人（2001）在类似的试验中拟合的公式系数为 $a \approx 0.7$ 且 $b=c=0$，对于所有 $\theta > \theta_{cr}$，恒定流下的圆柱最大嵌入深度 $e_m/D \approx 0.7$。Rennie 等人（2017）认为对于粒径相对较大的圆柱体（$D > 8cm$）可选取 $a \approx 1.3$ 且 $b \approx 0.36$，而较小的圆柱体（$D < 3cm$）和锥形形状更容易埋入，故选取 $a \approx 15$ 和 $b \approx 1.1$。对于波浪下的圆柱体依赖于波周期 T，其中长周期（$T > 4s$）的波，可取 $a \approx 1.6$ 和 $b \approx 0.85$（Cataño-Lopera et al.，2007）。在相同水沙条件及相同密度下，不同形状的漂石下陷深度也不同，锥形圆柱体下陷深度最大，其次是圆柱体，然后是球体，圆锥体最小（Friedrichs et al.，2016a）。

综上所述，漂石上游的冲坑持续发育会使得漂石不断移动，随着水流条件、泥沙补给条件及河势变化，局部河床冲淤变形的同时，漂石相对位置发生变化，并引发新的冲淤平衡过程，漂石河段河床也随之不断演化发展，构成山区河流形态和水流泥沙的多样性和复杂性。此外，一些研究表明嵌入深度（e_m/D）与 Shields 参数 θ 存在幂函数关系，但大多数研究针对圆柱体得出的公式系数 a 和 b 值也不相同，导致计算参考不能完全统一，并且另一重要参数——动床摩阻流速，计算复杂，也较难确定；为此本书揭示了漂石前冲坑深度及漂石下陷深度与水沙条件及试验时间的关系，构建能简单快速进行预测的漂石下陷公式，预测漂石暴露度。

1.3 主要研究内容及章节安排

山区流域坡体上受风化和地震作用产生的碎石及松散体在滑坡泥石流等灾害作用下，大量汇入河道中，随上游来水来沙变化，形态各异的漂石河床结构逐渐形成和发育，其结构形态和发育程度又必然影响河道内的水沙运动，因此两者是相互联系、不可分割的有机整体，为此，本书以漂石河床为主要研究对象，开展了对岷江支流白沙河与龙溪河流域等两个山区小流域的野外调查；采用室内试验及与理论分析相结合的方法，初步揭示山区河道漂石河床的水流结构、水沙输移、河床响应机理。具体研究内容及章节安排如下。

第1章，绪论。山区滑坡泥石流频发，大量漂石进入河道，使得河道床沙级配激增。通过总结漂石河道床面结构、漂石河床水流结构以及水沙变化下的河床调整的研究现状及不足，确定了本书的选题依据和研究内容。

第2章，典型漂石河段河床形态分析。山区漂石河段床面结构与水沙运动相互制约、相互影响。以岷江上游白沙河与龙溪河小流域为调查对象，分析山区漂石河段的床沙组成、床面结构特征、漂石洲滩发育典型阶段，探讨床面形态与漂石分布的关系，初步揭示了山区漂石河段漂石分布特征及床面形态分布特性。

第3章，漂石河段水流结构变化试验研究。选取白沙河与龙溪河的野外调查为背景，设计并分析一系列不同来流条件下漂石分布对漂石的水流结构的影响，提出不同漂石分布下的流速特点、紊动特性及局部水流能量转换规律。

第 4 章，漂石河床局部冲淤变形试验。在第 3 章的基础上，进行了不同来水来沙条件的漂石河床冲刷试验，分析不同冲刷时段下单漂石河床结构的水流结构及河床调整规律等，揭示了漂石河床局部冲淤变化特性、冲坑发育、漂石移动变化规律及冲刷过程中漂石周围水流结构变化特点。

第 5 章，漂石河床洲滩发育过程试验。以山区河流漂石河段及间歇性非均匀的泥沙补给过程为背景，本章通过系列室内试验来分析不同泥沙补给条件下漂石河床的洲滩形成过程，及河床形态变化与水位响应过程，从而揭示了水沙条件下的漂石河床形态调整机制。

第 6 章，漂石河段洲滩水沙运动研究。以山区漂石洲滩及茂盛的滩地植被覆盖河床为背景，本章结合植被及洲滩发育的相互作用，开展系列的概化洲滩河道试验，探讨了植被及泥沙补给条件下水沙运动特性、河床冲淤变形、洲滩发育及对河道分流特性的影响。

第 7 章，结论与展望。系统总结了本书的研究内容和主要成果。

第 2 章

典型漂石河段河床形态分析

暴雨山洪、临河山体崩塌滑坡、溪沟泥石流等将大量漂石夹带至河道，原有的平整河床形态被割裂与打破，引发河段内的水流结构和河床形态重新调整。本章通过对都江堰市岷江支流白沙河与龙溪河的野外调查，根据现场观测所获得的大量实测资料，分析了两个典型漂石河段的床沙组成，尤其是漂石分布特征，与河床形态特征，探讨漂石分布与洲滩的内在联系和发展规律。

2.1　白沙河与龙溪河概况

白沙河、龙溪河均为岷江支流。其中白沙河全长约 49.3km，流域面积约 364.0km²，年均流量 16.1m³/s，年际变化较大，2010 年杨柳坪水文站实测最大流量 2 010m³/s；龙溪河全长 18.22km，流域面积约 79km²，年平均流量 3.34m³/s，径流受降雨影响较大（王海周，2018）。白沙河与龙溪河边坡陡峻，河岸岩性主要为沉积岩与砂砾岩，沉积岩总体较稳定，具有很强的抗冲性，部分砂砾石粒径级配较宽，抗冲性较弱，受 2008 年四川汶川地震影响，两小流域内坡沟破坏严重，地表松散物质堆积，在汛期暴雨诱发下容易发生山体和岸坡崩塌、滑坡和泥石流灾害，导致大量松散泥沙颗粒汇入河道。沟床比降大、陡峻的沟床和山坡形成巨大的地形高差，水流湍急，洪水陡涨陡落，为洪水期松散物质尤其是漂石等粗颗粒的起动提供了有利条件，而粗颗粒移动会对堤防及人类定居点的安全造成威胁。

两小流域内主要树种包括山矾、枹栎、漆树、松树、柳树、杉树、樟树等，而灌木和草本植被则非常多样，其中灌木主要有细齿叶柃、老鼠矢、荨麻、千里光、构树等，草本则有狗尾草、小飞蓬、马唐、狗牙根、黄背草、灯芯草、凤尾蕨、青蒿、问荆、小果荨麻等（李娟，2013）。此外，流域内不少山坡被开垦成坡地，种植了大量的农作物及经济果木，如玉米、土豆、小麦、猕猴桃、茶树等。

2.2 野外调查方法

为调查白沙河和龙溪河的床沙组成，本书利用泥沙取样框对白沙河沿程 96 个和龙溪河滩地 46 个样本进行测量。野外实测中，白沙河研究段选取观凤沟与白沙河交汇口上游 0.10km 处为研究段起点，在起点上游 2.98km 长的区域取 47 个样本，起点距下游 1.13km 长的区域取 49 个样本，其中下游有支沟深溪沟入汇；龙溪河研究段选取南岳庙到八一沟与龙溪河的汇口之间河段，途经龙池镇，总长为 3.12km，沿程共取 46 个样本。采样点的三维坐标用 GPS 测量。泥沙取样框为（1.0×1.0）m² 木质方框［见图 2-1（a）］，并通过网格计数法进行了卵石河床上粗颗粒的粒径分析（Wolman，1954；Diplas et al.，1988）；配合钢尺和皮尺［见图 2-1（b）］测量研究段范围内超过 1m 的漂石粒径及河床几何形态。利用无人机高空高帧频拍摄，对白沙河与龙溪河研究河段进行地形测量，结合现有的 PhotoScan 软件，分析提取出白沙河和龙溪河的地形数据。

（a）取样框

（b）大漂石测量

图2-1　白沙河与龙溪河取样方法

2.3　研究河段漂石分布

两河流泥沙颗粒粒径级配极宽，最大的漂石超过 7.3m，零散分布于河道，最小细砂则小于 1mm，砂卵石混合分布。由表 2-1 知白沙河与龙溪河粗颗粒粒径较大，且均值接近。龙溪河粗颗粒的中值粒径与暴露度较白沙河略大，说明龙溪河水力分选作用较强，粗颗粒暴露更充分。在 1～100cm 的床面粗颗粒中，白沙河与龙溪河的漂石占比分别达 13.7% 与 12.6%；通过对大漂石的粒径调查，发现大漂石的粒径极值可达 7.3cm 与 5.8cm。如图 2-2 所示，白沙河与龙溪河的漂石沿程分布中，漂石占比大，沿程小幅下降，这是由于在白沙河支沟观凤沟、龙溪河的麻柳沟以及八一沟等支沟滑坡泥石流挟带大量漂石补充河道，影响漂石沿程分布。

表2-1　白沙河与龙溪河沙样的粗颗粒粒径分布参数表

河流	均值 / cm	中值 / cm	暴露度 / cm	中小型漂石 20cm < D < 100cm		极大值 / cm
				均值 / cm	占比 / %	
白沙河	17.7	14.9	10.8	28.1	13.7	7.3
龙溪河	17.4	16.1	12.1	25.3	12.6	5.8

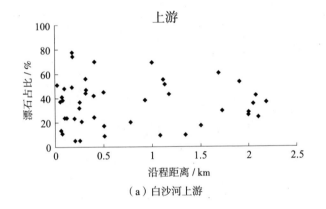

（a）白沙河上游

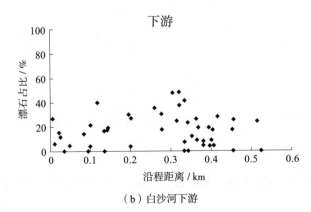

（b）白沙河下游

图2-2　白沙河与龙溪河的漂石沿程占比

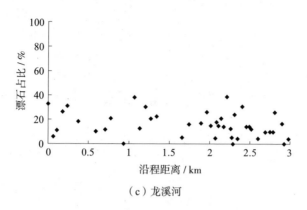

（c）龙溪河

图2-2 白沙河与龙溪河的漂石沿程占比（续）

漂石形状、大小和位置具有随机性，水文过程的季节性变化，导致汇入的漂石按一定形式聚集，形成孤立结构［见图 2-3（a）］、群体结构（如交错随机结构［见图 2-3（b）］、肋状结构［见图 2-3（c）］、岸石结构［见图 2-3（d）］、石簇结构［见图 2-3（e）］等（Wang et al.，2009），以及一些尚未发育有效的河床结构。尽管白沙河与龙溪河的河床平均比降为 2.38%，高于 2%，预计形成良好的阶梯深潭（Grant et al.，1990），但阶梯深潭罕见。滑坡、泥石流等暴雨山洪灾害带来的大量泥沙补给，一方面破坏了原有平衡，使得研究河段内的阶梯-深潭不良（Wang et al.，2004a；2004b）另一方面促使漂石洲滩的大量发育，如图 2-3（f）所示。漂石洲滩发育所需时间相对较短，且普遍存在于河流中，成为代表性的漂石河床结构。

图2-3　山区河流漂石结构

　　此外，如图 2-4 所示，在人类活动密集的河段，在砾石开采、大坝建设、河道引水、河流修复工程、河流生态景观工程等人类活动的过程中，大量的漂石被保留，并调整其分布形式以达到所需的水文过程（Calle et al.，2017）。例如在河流恢复治理中，漂石常被放入溪流中以改善提高退化河流中生态栖息地的水文质量，为鱼类提供栖息地，为非脊椎动物创造微生境（Shen et al.，2008；Franklin et al.，2012）或构建非结构化漂石鱼道（Heimerl et al.，2008；Baki et al.，2017a，2017b）。

图2-4　河流恢复治理工程中漂石的应用

2.4　研究河段漂石洲滩形态

从河床形态上看，漂石洲滩有不同类型，主要如下。

（1）前滩后石型［见图 2-5（a）］，由于漂石群抬高河床基准床面，水动力不足，大量泥沙沉积于漂石上游，形成洲滩；

（2）单漂石洲滩［见图 2-5（b）］，由于泥沙补给，单漂石下游淤积带向下游发育，进而形成洲滩；

（3）多漂石－漂石滩图，当多个漂石分布于河道时，泥沙于漂石间淤积，形成洲滩，根据漂石数量可细分为：①两漂石间滩［见图 2-5（c）（d）］；②三漂石串滩；③多漂石围滩［见图 2-5（e）］；

④凹岸漂石边滩［见图2-5（f）］：由特定的河床形态特征所决定，由于凹岸分布大量的漂石，凹岸河床变得较为坚硬，而凸岸相对软弱，水流的不断侵蚀冲刷，导致凸岸河床下切，成为深槽，且主流线也位于凸岸深槽。此种类型的河段弯道环流作用很弱，在汛期，水流取直，漂石群截留卵石，卵石输移带位于凹岸边滩上，汛末水流归槽，截留的卵石在凹岸滩面形成卵石边滩。

综上所述，漂石的数量及所在河道的位置，甚至河型均可能影响漂石洲滩的分布形态。

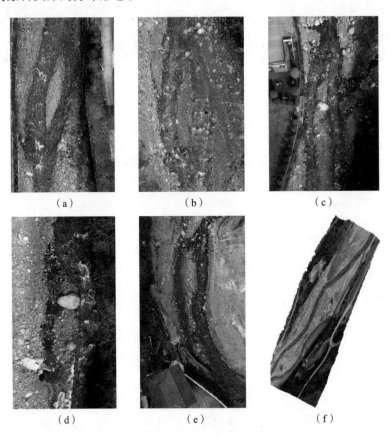

图2-5　漂石洲滩天然照片

漂石洲滩高程纵剖面图 2-6 对应着图 2-5 中的（b）（c）（d）及（f）。由图看出，凸起部分是漂石，在漂石前后的坡度明显变缓，尤其是多漂石洲滩，在漂石间的坡度很小。这是由于大量泥沙在漂石之间落淤，这些漂石洲滩河段的坡度变缓，甚至逆坡，其周围水流紊动尺度也将相对降低，有利于改善河道生境，说明漂石不仅会使河床稳定，不同程度地增加水流阻力，并且是水生生物的栖息地和避难场所。

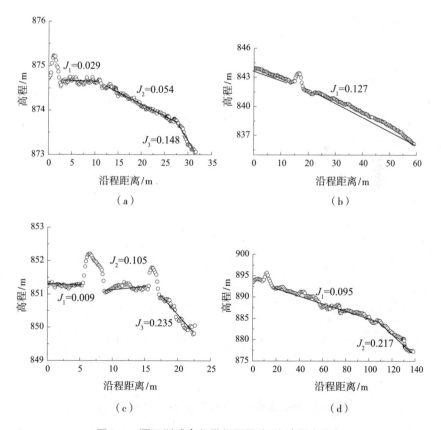

图2-6　漂石洲滩高程纵剖面图（J为坡面比降）

　　由图 2-7 卵石滩长宽与漂石及卵石滩床沙粒径关系可知，随着漂石平均粒径的增加，卵石滩的长度与宽度增加。在卵石滩上，多为排列紧密的鱼鳞状或疏散状的表层卵石，其大小也与卵石滩的规模相关。随着表层卵石的增加，卵石滩的长度与宽度也增加。

　　综上所述，卵石滩的长度与宽度同漂石大小及卵石滩颗粒粒径呈线性相关，因此漂石洲滩的规模受限于漂石大小及河床泥沙组成。

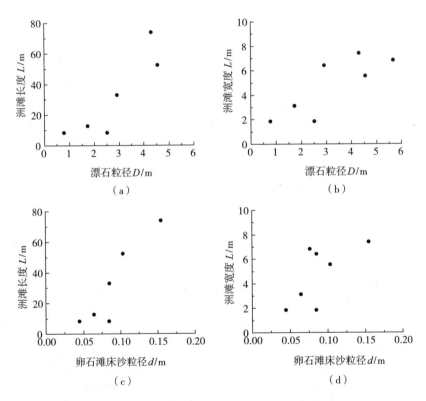

图2-7　卵石滩长宽与漂石及卵石滩床沙粒径关系

2.5　漂石洲滩发育过程分析

漂石附近的卵石滩是由漂石干扰水流，河床发生侵蚀形成的，迫使上游河水分流，导致能量损失，造成泥沙淤积及侧向移动（Claude et al.，2012），从而改变河道的纵横比，而河道的纵横比决定着卵石滩的形成（Callander，1969；Tubino，1991）。漂石洲滩是在水流、漂石与河床的相互作用下，使河床不断抬高，甚至最后露出水面而形成的卵石洲滩。根据野外观察（见图 2-8），漂石洲滩的形成可以分为如下 4 个典型阶段。

（1）阶段 I：漂石冲坑发育阶段［见图 2-8（a）］，漂石前形成冲坑，在下游近尾流区淤积，形成 1 至 2 侧冲沟；

（2）阶段 II：漂石冲坑及下游淤积阶段［见图 2-8（b）］，上游泥沙补给与来流变化时，大量泥沙沉积于漂石附近，冲坑被来沙淹没，漂石下游卵石滩发育；

（3）阶段 III：漂石洲滩形成阶段［见图 2-8（c）］，随着来沙量的增多，漂石附近的滩连成一体，形成漂石洲滩。

（4）阶段 IV：漂石植被洲滩阶段［见图 2-8（d）］，山区河流年内流量变化较大，常年处于枯水期，漂石及卵石滩露出水面，夏季生长了大量的植物，构成植被 - 漂石洲滩复杂系统。

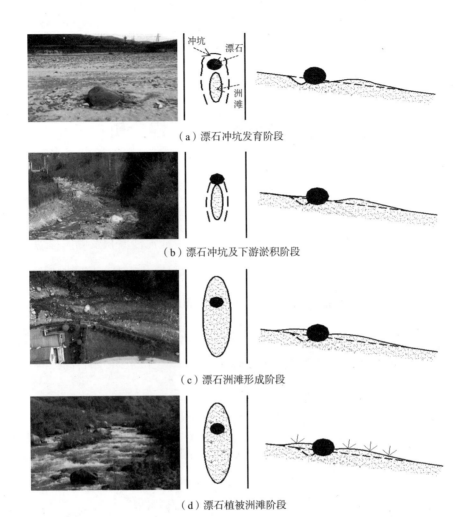

（a）漂石冲坑发育阶段

（b）漂石冲坑及下游淤积阶段

（c）漂石洲滩形成阶段

（d）漂石植被洲滩阶段

图2-8 漂石洲滩发育示意图

综上所述，漂石、水流冲刷、上游来沙、植被等是影响漂石洲滩形成的重要因素，其中水流流经漂石时，漂石将来流向两边挤压，使得中间过流断面急剧减小，水流发生水跃，水位抬升并分为左右两股，随后在漂石后交汇，加剧了漂石后部尾流区水力混掺，引起更大的下游冲刷，并进一步作用于泥沙输移，促使床沙分选。

而植被对卵石滩泥沙的沉积和稳定性起到了重要作用，植被可以降低卵石滩移动的速率，增加稳定性，降低水流对卵石滩的侵蚀作用（Elliott et al.，2000；Tal et al.，2007）。植被的根系对泥沙具有较好的稳固作用，可防止水土流失，加强了漂石后的卵石滩的稳定性。在汛期，山区河道经常会暴发洪水，同时带来大量的泥沙补给，漂石洲滩迅速发育。但各因素对漂石洲滩形成及发育的作用机制尚不清晰，并且随着水流条件、卵石补给条件及河势变化，会进一步使得漂石局部的水流结构及局部冲淤更为复杂。这也将是本书后续室内试验及模型研究的内容。

2.6　小　结

白沙河与龙溪河流域内曾多次发生滑坡及泥石流灾害，大量漂石被输移至白沙河与龙溪河部分河段，成为典型漂石河段。本章根据野外漂石河段的实测资料，初步分析了研究河段漂石粒径分布特征及漂石洲滩形成的典型阶段，进一步研究了漂石分布对于漂石河段河床形态变化的影响。野外调查结果表明：

（1）暴雨山洪产生丰富漂石补给，形成漂石河段，导致白沙河与龙溪河的粗颗粒平均粒径粗大，漂石占比超过 10%，漂石沿程分布无明显的递减趋势；

（2）山区河流漂石具有孤立型、阶梯型、交错型等单个或群体结构形式，水流冲刷漂石上游河床形成冲坑，下游形成淤积带，加之充足的泥沙补给，促使大量的漂石洲滩发育。而漂石洲滩发育大致经历 4 个典型阶段：漂石上游的冲坑发育阶段、冲坑及漂石下游淤积阶段、漂石洲滩形成阶段及植被洲滩阶段。

（3）漂石洲滩能增大局部河床比降，减缓河道下切，制约河流形态发育，而漂石洲滩的长度与宽度同漂石大小及洲滩颗粒粒径相关。

第 3 章

漂石河段水流结构变化试验研究

基于第 2 章岷江白沙河与龙溪河的野外调查可知，水流流经漂石河段后，水流运动发生显著变化，水流向漂石两侧挤压，在漂石下游汇聚，其尾流区紊动剧烈，从而影响泥沙输移及河床调整。不同来流条件及漂石分布对漂石附近的流速、紊动特性及床面切应力产生极大影响，进而影响其局部泥沙运动。本章通过定床水槽试验，初步研究了漂石河床的水流结构，比较分析了不同来流及漂石分布下，漂石河床内的流速分布、紊动强度及床面切应力变化。

3.1　野外漂石河段流速分布

本节于白沙河选取一孤立漂石及一级漂石阶梯断面（见图 3-1）。通过声学多普勒测速仪（ADV）测量水流结构。ADV 测量范围为床面以上 2cm 至水面以下 3cm 的水流流速，测速范围在 $0 \sim 1.5 \text{m/s}$ 之间，测量频率为 30Hz，每个测点的测量时间约为 40s，均多于 1 000 点，并筛选整体置信数据高于 90% 的数据点进行分析。瞬时流速分解为平均流速和脉动流速，即 $u = \bar{u} + u'$，$v = \bar{v} + v'$，$w = \bar{w} + w'$，u 代表垂向流速瞬时流速，v 代表横向流速瞬时流速，w 代表纵向流速瞬时流速，$\bar{u}$，$\bar{v}$，$\bar{w}$ 为时均流速，u'，v'，w' 为脉动流速，以漂石中点为原点，规定主流流速向下游为正，横向流速向左岸为正，垂向流速向上为正。三向紊动强度分别 u_{RMS}，v_{RMS}，w_{RMS}：

$$u_{\text{RMS}} = \sqrt{\frac{1}{n}\sum_{i=1}^{n} u'^2}, \quad v_{\text{RMS}} = \sqrt{\frac{1}{n}\sum_{i=1}^{n} v'^2}, \quad w_{\text{RMS}} = \sqrt{\frac{1}{n}\sum_{i=1}^{n} w'^2}。$$

如图 3-2 所示，由于床沙粒径较大及水深较浅，孤立漂石与漂石阶梯三向流速分布都接近于线性分布，而非对数分布。漂石前后的流速差别巨大，在距离漂石中点 $1D$ 的流速为负值，表明漂石后出现近底水逆流，且影响范围在 2 倍漂石粒径以内，随着与漂石距离的增加漂石下游流速逐渐增加，且漂石下游水流方向从逆流状态逐渐恢复为主流方向。在单漂石及漂石阶梯下游的三向紊动强度中 v，w 方向的紊动强度明显大于主流方向 u。受限于流量、水深、床沙等各方面条件，无法深入探讨水沙条件及漂石分布对漂石河床的水流结构调整的影响，因而在下一节开展水槽试验进行研究。

（a）孤立漂石 　　　　　　　　　（b）漂石阶梯

图3-1　白沙河野外测量断面

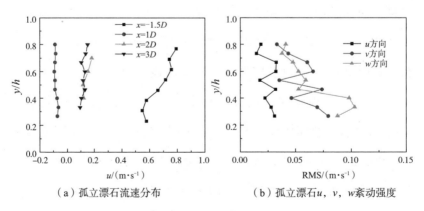

（a）孤立漂石流速分布 　　　　　（b）孤立漂石 u，v，w 紊动强度

图3-2　野外测量断面流速分布及 u，v，w 三向紊动

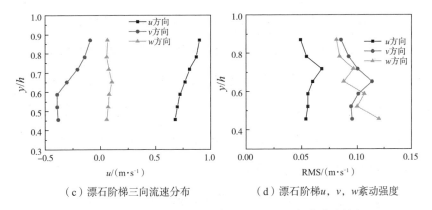

（c）漂石阶梯三向流速分布　　　　（d）漂石阶梯u，v，w紊动强度

图3-2　野外测量断面流速分布及u，v，w三向紊动（续）

3.2　漂石河段水流结构水槽试验

3.2.1　单漂石试验

　　基于野外调查，为探讨在定床不同来流条件下单漂石局部水流结构调整规律，在四川大学水力学与山区河流开发保护国家重点实验室中进行水槽试验。试验水槽为长 16m、宽 0.5m、深 0.4m 的平底水槽，底部为水泥抹面，坡降 0.1%。试验用的漂石样本取自岷江支流白沙河，长（a）13.6cm，宽（b）17.4cm，高（c）16.2cm，有效直径 D 为 15.7cm，形状系数（$c/\sqrt{ab}$）为 2.0。野外调查显示，山区河流漂石长期处于低淹没度下的水流条件，为探讨不同淹没

水深及床沙粒径条件下漂石对局部水流结构的影响，本试验初步设计了四组试验水深为 h=9cm、13cm、19cm、23.5cm，即相对淹没度 h/D=0.6、0.8、1.2 及 1.5。试验中原点布置在漂石后侧的中心位置，由于受限于试验设备，除 R1～R3 三组为均匀流外，R4 工况将流量控制为 Q=0.020 5m³，水深通过水槽末端的尾门控制。ADV 架设在水槽上方，频率为 50Hz，约测 3 000 点，筛选出选择相关系数在 70% 以上、噪声分贝在 15dB 以下、整体置信数据高于 90% 的数据点进行分析。试验中根据漂石影响范围及尾迹带长度布置测点，本次试验每种床面沿水流方向共布置三条测线，一条经过漂石中心及水槽中线，另两条为距离中点左右各 0.15m 的测线，试验采用笛卡尔坐标系，漂石中心为原点位置不变，取顺水流方向为 x 轴，流速为 u，横向为 y 轴，流速为 v，垂向为 z 轴，流速为 w；x 表示距漂石纵向距离，x/D 为无量纲数，根据漂石纵向距离来布置每种床面测量 5～19 个断面，试验装置及测点布置如图 3-3（b）所示，试验工况见表 3-1。

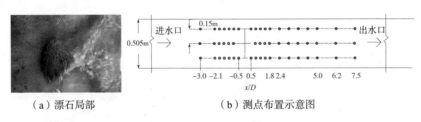

（a）漂石局部　　　　　　　　（b）测点布置示意图

图3-3　水槽试验布置图

表3-1　试验工况及相关参数汇总

工况	相对淹没度 (h/D)	测量长度 (x/D)	基本水力参数范围	
			Fr	$Re \times 10^3$
R1	0.6	$-2.55 \sim 0.00$	$0.39 \sim 0.40$	$29 \sim 35$
R2	0.8	$-2.55 \sim 0.63$	$0.43 \sim 0.53$	$48 \sim 60$
R3	1.2	$-2.55 \sim 1.78$	$0.36 \sim 0.50$	$52 \sim 72$
R4	1.5	$-2.55 \sim 7.19$	$0.17 \sim 0.33$	$42 \sim 85$

注：试验中原点布置在漂石后侧中心位置，h 为水深。

3.2.2　漂石阵列试验

为探讨不同来流条件下漂石阵列局部水流结构调整规律，在同一水槽开展漂石阵列水槽试验，漂石分布可分为阶梯型（见图 3-4）及交错型（见图 3-5）。试验段选在水槽中心，底床为塑料板并粘有 D=40mm 的乒乓球，或铺设 d=14mm 的玻璃珠充当透水床面，铺设长度为 4m，前后各铺设长 1m 的卵砾石，以平稳断面的水流。试验中原点布置在试验段的中心位置，流速测量采用与上一节相同的 ADV 及测量参数。本次试验每种床面以试验段中线为测量位置，x 表示距漂石的纵向距离。试验装置及测点布置如图 3-4 及 3-5 所示，试验工况见表 3-2。

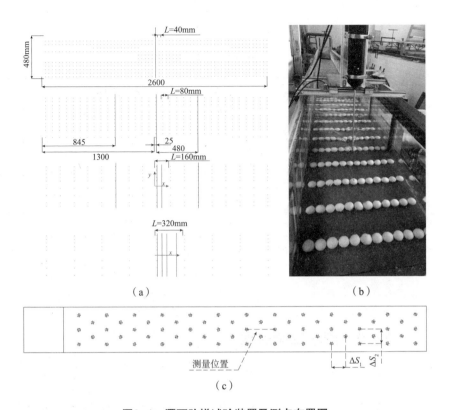

（a）   （b）

（c）

图3-4　漂石阶梯试验装置及测点布置图

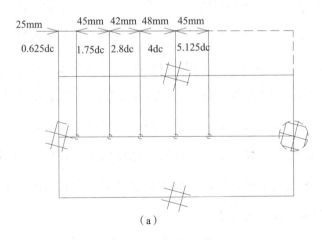

（a）

图3-5　交错型分布漂石阵列试验装置

（b）　　　　　　　　　　　　　　（c）

图3-5　交错型分布漂石阵列试验装置（续）

表3-2　漂石阵列试验工况及相关参数汇总

	流量/(L·s⁻¹)	乒乓球粒径/mm	纵向间距	横向间距	玻璃珠粒径/mm	玻璃珠层数	乒乓球暴露高度/mm
光板	28，36，48	—	—	—	—	—	—
漂石阶梯	28，36，48	40	0	D	—	—	40
	28，36，48	40	0	$2D$	—	—	40
	28，36，48	40	0	$4D$	—	—	40
	28，36，48	40	0	$8D$	—	—	40
交错分布漂石阵列	28，48	40	$4D$	$4D$	—	—	40
	28，48	—	—	—	14	1	26
	28，48	—	—	—	14	2	16
	28，48	40	$4D$	$4D$	14	1	26
	28，48	40	$4D$	$4D$	14	2	16
	28，48	40	$4D$	$4D$	14	1	26
	28，48	40	$4D$	$4D$	14	2	16

3.3 漂石河段流速结构

3.3.1 漂石局部水流分区

从图 3-6 可以看出，不同的相对淹没度下，漂石周围的流动模式呈现不同的特征（Shamloo et al.，2001）。如图 3-6（a）所示，浅水条件下非淹没的漂石周围与桥墩有着相似的水流运动的流态特征。由于漂石的阻挡，部分水流冲击漂石，水面壅起，流速锐减，为壅水区；受漂石两侧挤压，部分水流绕流而过，流速增大，形成挤压加速区；漂石背水面水气混掺，产生大量气泡，形成类似圆柱绕流的卡门涡街，为近尾流区；水流经过漂石，下游过水断面增加，尾流扩散，流速变小，为远尾流区。如图 3-6（b）所示，如果处于亚临界流动条件下，水深仅比漂石高度略大或更小，并且流速高，则在漂石背水面处产生的液压跳跃（Shamloo et al.，2001）和水流的再循环被尾流区域的紊流混合所取代。如图 3-6（c）所示，如果漂石完全被淹没，漂石前缘向上运动的紊流流体，可能在漂石下游的尾涡区的水面处更为平稳，随着水深的增加，漂石产生的压差对水面线的影响减弱（Buffin-Bélanger et al.，1998）。

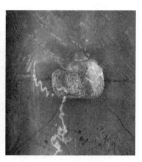

（a）非淹没（h/D＜1）　　　（b）临界淹没（h/D=1）　　　（c）淹没（h/D＞1）

图3-6　不同淹没度下漂石周围的水流状态照片

3.3.2　单漂石局部流速分布

如图 3-7（a）所示，过漂石中心的主流方向的相对流速 u/U_0 垂线流速分布，除 $0.7D \sim 1.4D$ 外，其流速分布类似，近似为对数分布。漂石上游流速，随着距离的增加，由于漂石前壅水垂线流速分布相应减小。在 $0.7D \sim 1.4D$ 处，水深 $y/h < 0.2$，出现负流速，随着与漂石的距离的增加，流速逐渐恢复，说明 $x < 1.27D$ 正处于漂石的近尾流区。而图 3-7（b）与 3-7（c），漂石左右侧的垂线流速分布为对数分布，而流速大小在靠近漂石的区域发生明显变化，如图 3-8 所示，$x/D=1$ 即漂石上游左侧流速明显高于右侧，局部流速波动集中在 $-1 < \Delta x/D < 3$ 区域。左侧沿程平均流速微小波动，而中心及右侧平均流速逐渐变大，大致为上游流速的 1.5 倍，这可能是由于漂石形状不规则，导致水流对漂石作用力分布不对称，在水流的冲击下漂石向右侧倾斜，右侧过流面积减小，流速增大，使得左右侧流速不对称分布，表明漂石促使周围流速分布产生突变，且漂石形状对流速分布具有较大影响。

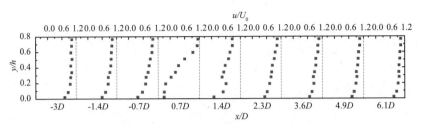

（a）过漂石中心测线的流速分布

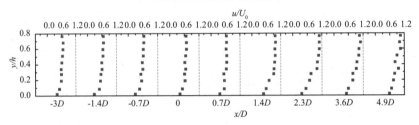

（b）漂石左侧流速分布

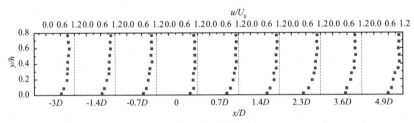

（c）漂石右侧流速分布

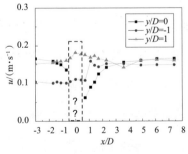

（d）漂石沿程流速分布

图3-7　*h/D*=1.5漂石周围的垂线流速分布及平均流速分布

3.3.3　漂石阵列流速分布

如图 3-8 所示，交错及阶梯状漂石阵列流速分布中，$x=0.625D$ 时出现负向流速，并且 $x=2D$ 时流速基本恢复，无明显折点，说明在定床试验中，$0 < \Delta x/D < 2$ 为粗颗粒产生大涡旋与近底逆流的范围，即近尾流区域，阶梯状漂石阵列的近尾流区域与之前研究单颗漂石的近尾流区域的范围大体一致（Papanicolaou et al., 2012）。在 $x=6.125D$ 时整体流速要明显小于其他，可能原因在于测量位置靠近下游的一排实验球体，该位置由于实验球体的壅水作用，流速减小。此外，与 $y/D > 1$ 相比，在 $y/D < 1$ 范围内的流速分布由于受到漂石的影响，出现明显的变形，说明漂石的影响在垂线上的影响范围在 $1D$ 左右。因此小于 $1D$ 水深处出现负向流速及相邻流层间较大的流速梯度，与野外测量一致，表明在近底水深小于一倍粒径床沙的水深处有大尺度漩涡的存在，近尾流区在水深方向影响范围与漂石粒径大体一致，对于漂石上方的水流流速影响小。

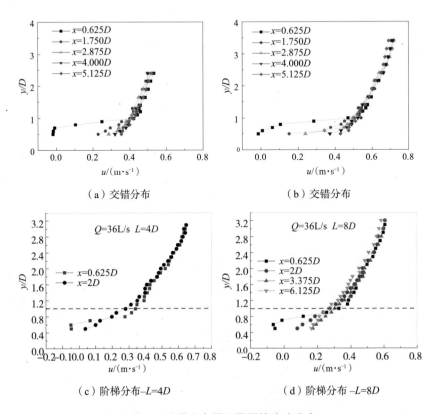

（a）交错分布　　　　　　　　（b）交错分布

（c）阶梯分布 –L=4D　　　　　　（d）阶梯分布 –L=8D

图3-8　阶梯分布漂石周围的流速分布

　　如图 3-9 所示，不同间距的漂石阶梯分布的主流方向 u 垂线流速分布类似，近似为对数分布。随着流量的增加，垂线流速分布也相应增大，同时我们发现，与 $L=0$ 即光板的流速相比，在 $0 < y/D \leqslant 1$ 时出现负向流速，流速梯度明显大于 $y/D > 1$ 水深。在 $y/D \leqslant 1$ 时，随着行距的增加（密度的减小）近底水流流速衰减速度加快，在相同条件下，行距 $L=D$ 的流速要大于行距 $L=2D$，$4D$，$8D$，$L=2D$，表明漂石阵列对近床流速具有均匀化作用。但 $y/D > 1$ 时，$L=8D$ 的流速显著小于 $L=D$，$2D$，$4D$，在断面水深上方，粗颗

粒床沙分布越密，接近水面的流速越大，说明漂石密度增加能有效
减小漂石上方水体流速的衰减速率。

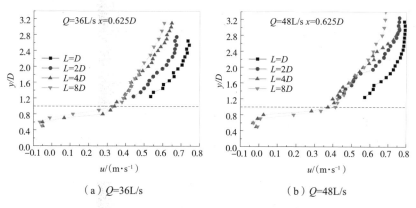

（a）Q=36L/s   （b）Q=48L/s

图3-9　阶梯状漂石阵列垂线流速分布图

图 3-10 显示了无漂石的透水床面的主流流速和垂直速度（u/u_*
和 w/u_*）。由图可知，不渗透床和渗透床之间的主流速度（u/u_*）差
异相对较小，垂向流速 w/u_* 曲线表明不透水床面的垂向速度高于透
水床面，并且其水流速度大于渗透床（Mane，2009）。这是由于透水
床中的更多孔隙空间削弱了向下速度分量，不透水床面水流获得比
透水床面上方更大的垂向速度。这说明漂石河床的渗透性影响了垂
直速度，而它对主流流速的影响几乎没有。河床的渗透性增强了紊
流的流动阻力（Zagni et al.，1976；Zippe et al.，1983）。如图 3-11 有
漂石的透水床面主流流速和垂直速度（u/u_* 和 w/u_*）所示，垂向流
速 w/u_* 在 $y/D_1 < 1$ 时，透水床面上方的流速高于透水床面和光滑床；
在 $y/D_1 > 1$ 时，各流速大致相等。这表明漂石阵列在透水床面的作
用范围与漂石的暴露高度相关，且主要影响垂向流速，且随着玻璃
珠层的增加，河床的透水性增加，垂向速度 w 的最小值降低。

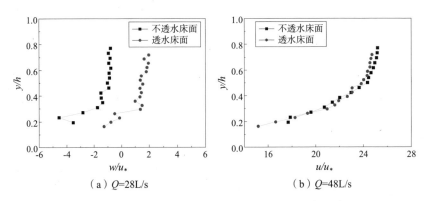

（a）Q=28L/s   （b）Q=48L/s

图3-10　无漂石透水河床的垂线流速分布

注：IMPB 表示不可透水床面；PB 表示可透水床面。

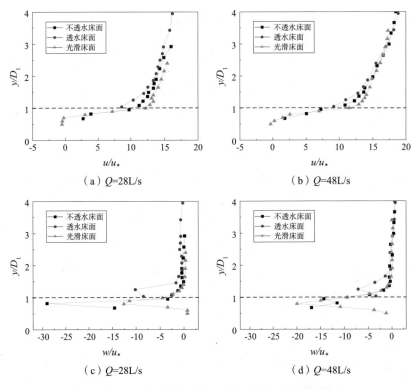

（a）Q=28L/s   （b）Q=48L/s

（c）Q=28L/s   （d）Q=48L/s

图3-11　交错型分布下不同透水床面的垂线流速分布

注：SB 表示光滑床面，D_1 为漂石的暴露高度。

3.4　漂石阵列分布的紊流特征

3.4.1　漂石阵列的紊动强度分布

脉动流速是研究水流紊动特性所需的主要参数。相对脉动强度表示的是脉动流速均方值 $\sqrt{u'^2}$、$\sqrt{v'^2}$、$\sqrt{w'^2}$ 与摩阻流速 u_* 的比值，为无量纲数。本小节根据实测的水槽中垂线上的断面流速数据，作出不同水流条件即流量 Q=28L/s 和 48L/s 下的 u，v，w 三向相对脉动强度即 $\sqrt{u'^2}/u_*$，$\sqrt{v'^2}/u_*$，$\sqrt{w'^2}$。如图 3-12（a），L=0 即光板的工况下，u，v，w 三向紊动强度数值随水深变化很小。而在相同条件下不同阶梯状漂石阵列行距分布主流 u 方向的紊动强度变化趋势一致，大体上随着行距的减小（密度的增加）紊动强度也在减小。与上节漂石阵列流速分布一致，漂石阵列显著降低了近床的紊流强度，对近床紊流具有均匀化作用，河道床沙的粒径趋于一致，能有效减小床面紊流的紊动。但在阵列行距 L=4D 时的紊动强度要明显大于 L=D，2D，8D，这可能说明行距存在临界条件，当其增加到一定值时，行距对于主流方向的紊动强度影响减小。

如图 3-12（b）及 3-12（c）所示，$L=D$ 及 $2D$ 时球上的水深的 v 及 w 两方向的紊动强度在 $y/h > 0.2$（球上水深）处与 $L=4D$ 及 $8D$ 接近，随着水深增加，先增大后减小。主流方向 u 的紊动强度则变化较大，从近底到水面同样经历了先增加后减小的变化过程，最大值出现在 $y/h=0.4$ 左右的位置。v 及 w 方向的紊动强度在 $0 < y/h \leqslant 0.2$ 处出现激增现象，呈现陡增后快速减小的趋势。v 与 w 方向的紊动强度经历剧烈的变化且始终大于主流方向的紊动强度，这与野外测量的三向的紊动强度趋势一致，且最大值均出现在 $y/h=0.2$ 附近，最大值随着流量的增加而增加。$y/h > 0.2$ 时 v 及 w 方向紊动强度在相邻流层间变化梯度较小。在 $y/h > 0.2$ 处，三向的紊动强度值均变化不大，u 方向的紊动强度明显大于 v 与 w 方向。$x=0.625D$ 处的紊动强度随水深的变化梯度最大；在 $0 < y/h \leqslant 0.2$ 处，主流方向的紊动强度明显减小。

综上所述，水流流经漂石后对主流紊动强度的影响范围小于 $2D$，与对流速影响范围一致，说明孤立漂石及漂石阵列内的漂石近尾流区的范围小于 $2D$。

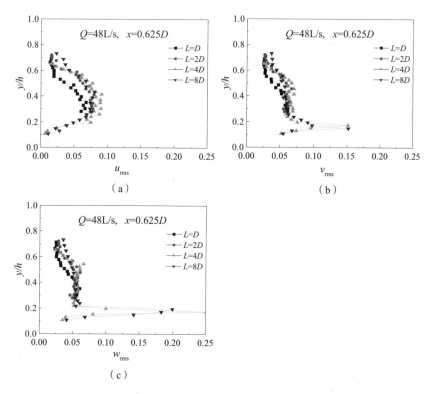

图3-12　u，v，w三向紊动强度

　　如图 3-13 交错分布漂石阵列的 u 及 w 相对脉动强度所示，不透水与透水床面的漂石尾流区 u_{rms}/u_* 曲线偏离 Nezu 和 Nakagawa（1993）提出的指数衰减函数，u_{rms}/u_* 在近床区域较大，在 $y/h=0.2\sim0.3$ 出现最大值，并且随着 y/h 增加而减小，随流量增加而增大，与 Nezu 和 Nakagawa（1993）对指数衰减函数的预测相反。这是由于剪切层从漂石顶部脱落并流入近尾流区域（Papanicolaou et al.，2012；Baki et al.，2015），近底主流紊动强度极值点偏离了河床。河床的透水性对于主流方向的紊动强度影响很小。图 3-13 中在 $x/D=0.625$ 处相对垂向紊流强度（w_{rms}/u_*）曲

线与 w/u_* 曲线类似，这是由于高动量自由流体流动和漂石阵列内的低动量流动之间在漂石近尾流区内的剪切而产生强烈紊流的区域，可渗透床中的孔隙空间产生更多的向下速度分量，使得垂直方向的紊动强度减弱。在 $x/D=0.625$ 处 $y/h \approx 0.2 \sim 0.3$，w_{rms}/u_* 曲线中存在局部峰值，而此高度大致与漂石的暴露高度一致，说明漂石对水流结构在垂向的影响范围始终与漂石的暴露高度大体一致，影响范围随流量变化并不明显。

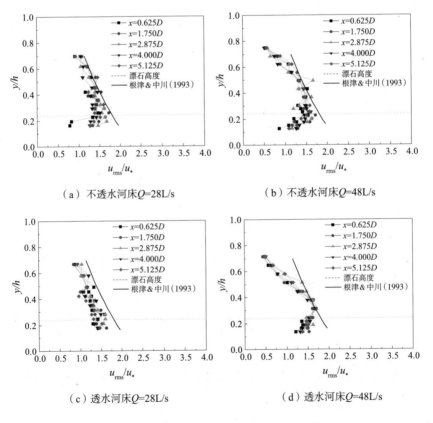

（a）不透水河床Q=28L/s　　　　（b）不透水河床Q=48L/s

（c）透水河床Q=28L/s　　　　（d）透水河床Q=48L/s

图3-13　不同透水床面漂石阵列紊动强度

3.4.2 漂石阵列的能量分布

漂石的存在有利于漂石周围紊流流场中随时间做不规则脉动的水力要素剧烈变化，诱发水流的扩散、掺混，水流内部传递动量、热量和质量更为快速。紊流能量方程是表征紊流能量交换特征的重要方程。紊流能量方程包含生产项 production（T_p）、耗散项 dissipation（ε）、扩散项 diffusion（T_D），压力扩散项 pressure energy diffusion（P_D）和黏性扩散项 viscous diffusion（V_D），因此，紊流能量方程如下。

$$T_p = \varepsilon + T_D + P_D + V_D \tag{3-1}$$

$$T_p = -\overline{u'w'}(\partial u/\partial z) \tag{3-2}$$

$$\varepsilon = \frac{5}{3}v\overline{\left(\frac{\partial u}{\partial x}\right)^2} \tag{3-3}$$

$$T_D = \frac{\partial}{\partial z}\left(\frac{1}{2}\overline{(u^2 + v^2 + w^2)\cdot w}\right) \tag{3-4}$$

$$P_D = \frac{\partial(p'w')}{\partial z} \tag{3-5}$$

$$V_D = -v\frac{\partial^2 k}{\partial^2 z} \tag{3-6}$$

在公式（3-5）的第三项中，P_D，p' 是静水压力（相对于 ρ）相对于时间平均值 p 的脉动值。在公式（3-6）的最后一项，V_D 在紊流中可忽略不计。P_D 由此获得为 $P_D = T - \varepsilon - T_D$。根据 Kolmogorov 的假设，公式（3-1）中的第一项 ε 通过谱密度 $S(f)$ 的惯性范围中的曲线拟合得到。

$$S(f) = C(2\pi)^{-2/3} u^{2/3} \varepsilon^{2/3} f^{-5/3}$$

$$= \frac{2\pi}{u} \left[\frac{S(f) f^{5/3}}{C} \right]^{3/2} \tag{3-7}$$

式中：$S(f)$ 是频域中流向速度的功率谱；f 是以 Hz 为单位的频率；C 是无量纲常数，值为 0.52（Krogstad et al., 1992）。

如图 3-14 所示，在漂石尾流区内能量方程中各项偏离标准边界层分布，随着流量和渗透率的增加，紊流方程中 P_D 项在远离"平均"边界 $z=0$ 的位置处最大化。该结果意味着在可渗透床上的漂石阵列内摩擦系数的增长是紊流生产项 P_D 增强的结果（Zagni et al., 1976）。由于水流冲击漂石及漂石通过尾流及形状阻力消耗大量能量，使得能量方程中生产项与耗散项大幅增加，从侧面验证了漂石尾流及其形状阻力的消能效率的高效性（李文哲 等，2013，2014）。

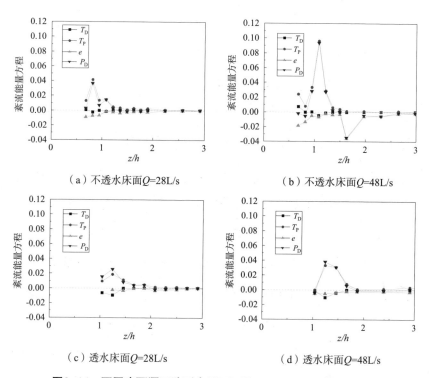

（a）不透水床面 Q=28L/s　　　　　（b）不透水床面 Q=48L/s

（c）透水床面 Q=28L/s　　　　　（d）透水床面 Q=48L/s

图3-14　不同床面漂石阵列内漂石下游 x/D=0.625处的能量分布

3.5　漂石河段床面切应力分布

床面切应力是近底水流运动的重要指标，用于探究漂石对周围河床切应力空间变化的影响，从而说明漂石对水流的挟沙能力及泥沙输移的影响。研究表明剪切应力与 TKE 的比值是常数（Soulsby，1981）并认为常数 C_1 为 0.2，如公式（3-8）所示，而以下研究认为取 C_1 在 0.19 ～ 0.21 之间（Kim et al.，2000），为方便计算，本小节取 C_1 为 0.2。本小节通过紊动能 TKE 的分布公式即可以得到：

$$|\tau|=C_1\rho\mathrm{TKE} \qquad (3\text{-}8)$$

而 TKE 计算如公式（3-9）所示：

$$\mathrm{TKE}=1/2(\overline{u'}+\overline{v'}+\overline{w'}) \qquad (3\text{-}9)$$

所以摩阻流速的计算公式如式（3-10）所示，通过 y/h-TKE 的图形线性回归出 $y=0$ 时的 TKE 值，求出摩阻流速：

$$|u_*|=\sqrt{C_1\mathrm{TKE}}/_{y=0} \qquad (3\text{-}10)$$

漂石阵列床面切应力及摩阻流速计算结果如表 3-3 所示，结果表明在相同条件下，床面切应力在漂石阵列内随流量及漂石间距的增加而增加。相同流量 Q=28L/s、36L/s 与 48L/s，漂石间距为 L=2D、4D 及 8D 相对于间距 L=D 的床面切应力增幅分别为 2.0%～16.9%、3.6%～17.6% 与 -1.7%～11.6%。这说明流量与漂石分布控制着床面切应力分布，漂石间距减小，漂石密度增加，减少了可以输移的泥沙的面积，漂石本身消耗大部分床面切应力；漂石密度增加，尾流缺乏充足的空间充分发展，从而导致漂石河床的床面切应力减小。此外，部分负值均出现在阶梯型 L=2D（Q=48L/s）与 4D（Q=28L/s）时，可能是由计算误差引起的，或是由于阶梯型分布床面切应力同时受漂石尾流影响和水深影响，而尾流的发育也受限于水深，当漂石处于完全淹没时，水深越大，尾流的影响也就越小，因此水深及漂石间距增加，尾流充分发育，床面切应力增加的部分被抵消，甚至减小。在相同的漂石分布及流量条件下，交错型漂石间隙由玻璃珠填充。相对于有漂石的玻璃珠床面，无漂石的玻璃珠床面切应力却出现高达 112.5% 的增幅，并且随着玻璃珠层数增加，床面切应力小幅度增加（8.3%），这表明漂石能显著减小河床床面切应力，而随着玻璃珠层数增加，漂石的暴露度减小，漂石对水流的影响减小，因此床面切应力小幅增长。这表明漂石阵列分布会影响床面切应力分布，具有保护河床及控制河床下切的作用。

表3-3　漂石阵列床面切应力及摩阻流速分布

漂石分布	漂石间距	玻璃珠层 / 层	Q/（L·s^{-1}）	切应力 / N	切应力增幅 / %	摩阻流速/（m·s^{-1}）
阶梯型	$L=D$	—	28	0.040 2	初始值	0.032 4
		—	36	0.042 0	初始值	0.041 2
		—	48	0.046 4	初始值	0.042 2
	$L=2D$	—	28	0.041 0	2.0	0.034 6
		—	36	0.043 5	3.6	0.039 5
		—	48	0.045 6	−1.7	0.044 3
	$L=4D$	—	28	0.038 9	−3.2	0.038 7
		—	36	0.048 8	16.2	0.045 8
		—	48	0.051 6	11.2	0.050 8
	$L=8D$	—	28	0.047 0	16.9	0.038 7
		—	36	0.049 4	17.6	0.044 7
		—	48	0.051 8	11.6	0.050 0
交错型	$L=4D$	—	28	0.000 8	初始值	0.028 3
		—	48	0.001 2	初始值	0.034 6
	$L=4D$	—	48	0.000 8	0	0.028 3
		—	28	0.001 3	8.3	0.036 1
无漂石	—	1	48	0.001 7	112.5	0.041 2
	—	1	28	0.002 1	75	0.045 8
	—	2	28	0.001 7	112.5	0.041 2
	—	1	48	0.001 7	41.7	0.041 2

3.6 小 结

基于野外漂石河流的调查及室内水槽定床试验，本章研究了不同的来流条件及漂石分布对漂石局部的水流结构的影响，揭示了不同来流及漂石分布下，河床内的水流流速分布、紊动特征及床面切应力分布特征，取得的主要成果如下。

（1）漂石改变局部水流流速分布。水流在漂石周围产生分区，在漂石上游形成壅水区，其两侧形成挤压加速区，下游形成近尾流区及远尾流区。其中，在定床中孤立或群体结构的漂石近尾流区域长度大致位于漂石下游 $x < 2D$ 的范围内，垂向影响范围与漂石暴露高度一致。在近尾流区内存在逆流，且随着行距的增加（密度的减小）近底水流流速衰减速度加快；河床的渗透性增强了对透水河床的紊流自由流体流动的流动阻力性，对垂直速度影响较大。

（2）漂石河床内的紊流流场内的紊动强度、能量转换各项参数在漂石近尾流区发生突变。主流方向的紊动强度曲线明显偏离 Nezu 和 Nakagawa（1993）提出的指数衰减函数的预测，近底 v，w 方向的紊动强度在漂石后方激增，且大于主流方向 u 的紊动强度。在漂石邻近下游的能量方程中各项偏离标准边界层分布，接近

床面 P_D 和 ε 的增加。

（3）漂石显著改变了漂石河床内的床面切应力分布，从而影响漂石河床内的泥沙输移。相对于无漂石床面，漂石显著减小了床面切应力，且随着漂石间距的减小及漂石暴露度的增加而减小，能有效减小泥沙输移，保护河床，控制河床下切。

第 4 章

漂石河床局部冲淤变形试验

　　基于野外调查和第 3 章的室内定床试验可知，水流结构在漂石局部发生显著变化，漂石上游产生冲刷，漂石下游产生淤积，河床形态发生调整，又使得水流结构产生变化。随着水流条件、泥沙补给条件及河床调整，漂石局部的水流结构及局部冲淤更为复杂。受限于流量、水深、床沙等各方面条件，无法深入探讨动床条件下漂石河床水沙运动特点及冲淤变形机制。本章将研究不同来流条件下漂石局部冲淤变形及水沙运动规律，并探讨漂石河床水流结构与河床冲淤响应。

4.1　漂石河床局部冲淤变形水槽试验

4.1.1　概化漂石动床试验

　　为探讨动床下概化漂石局部水沙运动规律，在奥克兰大学水力学与山区河流开发保护国家重点实验室中进行水槽试验。试验使用铝制球体为概化的漂石，其涂有薄薄的一层油漆，具有水硬光滑的表面，有四组直径 D 为 2.5cm、5cm、7.5cm、10cm，密度为 2.65g/cm^3（见图 4-1），床沙粒径为 0.85mm 的均匀砂，铺沙长度为 12m，厚度为 0.15m。试验水槽为长 12m、宽 0.44m、深 0.38m 的平底水槽，坡降 0.1%。水槽是一个水沙自循环水槽，由一个水泵和一个砂泵组成。水泵的速度由电子流量计控制，砂泵可以以恒定的速度将水槽出口处沉沙池内的泥沙输送回水槽。水槽侧壁由玻璃制成，便于 PTV 相机拍摄。本章通过试运行冲刷时间为 58h 的预试验，证明在 20～24h 后球体局部河床的变化极大地减少。因此，在稳定流动和清水条件下的试验至少运行 24h 以达到稳态。采用测针记录球体的嵌入、位移及球体前冲坑深度，测量精度约为 ±1mm。PTV 系统用于测量球体周围的水流结构。PTV 系统由灯箱、相机及计算机组成。灯箱由 50 个发光二极管（LED）组成，并使用两个面板以缩小光片的厚度，产生沿着水槽中间的纵向截面 8.5mm 厚的光片，通过数字 CMOS 相机（Lumenera Lt425M）收集图像，分辨率为（2 048×2 048）像素，帧率（全帧）为每秒 90 帧（f/s），拍摄垂直（x-z）平面（水平 x 轴顺水流方向为正，而垂直的 z 轴是从球体的中心向上），获得速度分量（u, v），以确定和量化湍流和垂直结构。拍摄所得的图像数据经由新西兰坎特伯雷大学 Roger Nokes 博士开发的 Streams 图像处理软件进行处理。PTV 测量时间是冲刷开始后的 10min、3h、4h 及 24h。本试验共计 16 组，采用 5 组相对淹没度 h/D=0.5、0.75、1 及 1.25，以及 6 组流动强度，u_0/u_c，其中 u_0 为平均行近流速，u_c 为临界行近流速，由速度分布的对数形式计算得出 u_c=5.75u_{*c} log（5.53h/d_{50}），其中临界剪切速度 u_{*c}=0.021m/s 使用 Shields 曲线确定（Melville，1997）。θ_{sc}=u_{*c}^2/[$gd_{sc}(\rho_s/\rho_w-1)$] 为清水冲刷，$\theta_0/\theta_c>1$，为动床冲刷（Whitehouse，1998），对于均匀流而言，可以使用流动强度 u_c/u_c 来划分河床冲刷类型，说明泥沙输移条件的变化，当 $u_0/u_c<1$ 时，是清水冲刷；对于 $u_0/u_c>1$，是动床冲刷（Melville et al.，2000），计算方式简单快速，无须计算摩阻流速。所有试验的测试条件和平衡测量结果总结如表 4-1 所示。

图4-1　概化漂石试验照片

表4-1　试验工况及结果

工况	冲刷	D/mm	Q/（L·s⁻¹）	h/mm	u_0/u_c	e_m/mm	L_m/mm	s_m/mm
R1	CW	100	6	50	0.9	56	−167.5	70.45
R2	CW	100	9.6	75	0.9	64	−194.5	62.73
R3	CW	100	13.5	100	0.9	58.5	−196.5	68.73
R4	CW	100	17.4	125	0.9	60	−192	55.169
R5	CW	100	21.4	150	0.9	69.6	−251.5	60.07
R6	CW	100	23.1	160	0.9	64	−234	56.56
R7	CW	100	11.9	150	0.5	0	—	—
R8	CW	100	16.7	150	0.7	16	−44.5	—
R9	CW	75	23.1	160	0.8	49	−183	52.61
R10	CW	75	15.4	112.5	0.9	44.8	−148	54.65
R11	CW	50	23.1	160	0.9	32.6	−84	38.79
R12	CW	50	9.6	75	0.9	29.8	−98	36.65
R13	CW	25	4.3	37.5	0.9	11.8	−19	23.21
R14	LB	100	26.2	150	1.1	78.5	−280	—
R15	LB	100	35.7	150	1.5	96	−270	—
R16	LB	100	47.6	150	2.0	106	−254.5	—

注：CW 表示清水冲刷，LB 表示动床冲刷，e_m 为最大嵌入深度，L_m 为冲坑的长度，s_m 为冲坑深度。

4.1.2　天然漂石动床试验

天然漂石一般为不规则的多面体结构，本试验在第 3 章的定床水槽试验基础上，采用与第 3 章相同的一个粗糙、左右不规则的坚硬石块，天然漂石如图 4-2 所示，密度为 2.65g/cm³ 左右，长 13.6cm，宽 17.4cm，高 16.2cm，漂石的有效直径 D 为 15.7cm，探讨天然漂石动床下的水沙运动。试验段选在水槽中部，铺粒径为 2.5mm 和 7.0mm 的均匀砂，铺沙长度为 5m，厚度为 0.1m，前后各铺设长 1m 的三角形卵砾石，以平稳铺沙断面的水流。并且采用与第 3 章一样的四组相对淹没度 h/D=0.6，0.8，1.2 及 1.5。动床工况泥沙输移较快，冲刷 10h 基本达到稳定的床面形态，使用相同的 ADV 并设置相同的参数进行测量，为了对比分析，测点布置同第 3 章的做法一致（见图 4-2）。试验工况见表 4-2。

图4-2　天然试验照片

表 4-2　试验工况及相关参数汇总

工况	床沙粒径	相对淹没度（h/D）	测量长度（x/D）	基本水力参数范围	
				Fr	$Re×10^3$
R5	d_1=2.5mm	0.6	$-2.55 \sim 3.41$	$0.2 \sim 0.17$	$14 \sim 25$
R6	d_1=2.5mm	0.8	$-2.55 \sim 3.41$	$0.28 \sim 0.40$	$41 \sim 55$
R7	d_1=2.5mm	1.2	$-2.55 \sim 3.41$	$0.32 \sim 0.44$	$46 \sim 67$
R8	d_1=2.5mm	1.5	$-2.55 \sim 3.41$	$0.08 \sim 0.27$	$33 \sim 72$
R9	d_2=7mm	0.6	$-2.55 \sim 0.43$	$0.35 \sim 0.42$	$29 \sim 35$
R10	d_2=7mm	0.8	$-2.55 \sim 1.82$	$0.43 \sim 0.53$	$48 \sim 60$
R11	d_2=7mm	1.2	$-2.55 \sim 2.45$	$0.32 \sim 0.4$	$46 \sim 67$
R12	d_2=7mm	1.5	$-2.55 \sim 3.41$	$0.08 \sim 0.27$	$33 \sim 72$

注：试验中原点布置在漂石后侧中心位置，漂石的有效直径 D 为 15.7cm，h 为水深，d_1、d_2 分别为床面铺设的两种均匀沙的粒径，x 表示距漂石纵向距离。

4.2　漂石河床局部冲淤变形分析

4.2.1　漂石移动特征

漂石局部泥沙输移机理一定程度上类似于浅滩桥墩：水流在漂石前形成局部壅水，产生滞止压强，使得在漂石前产生一个小的压力梯度和下沉水流，漂石前横轴环状漩涡及漂石侧立轴漩涡对漂石周围泥沙产生令其上浮的作用力，将漂石前以及两侧泥沙带起，由侧向水流带走，在下游两侧或一侧形成冲沟，在漂石前部和侧面形成冲刷坑（齐梅兰，2005）。侧立轴漩涡挟带的泥沙，先被冲坑内上升的水流托举，后斜落在漂石下游形成淤积带。区别于浅滩桥墩之处在于漂石的可移动性。如图 4-3 及 4-4 所示，当漂石前冲坑深度达到一定值时，漂石失稳，滚落进入漂石前冲坑内，漂石嵌入河床深度加大，重新开始冲刷，漂石前部及侧面冲坑再次加深加大，多次冲淤过程后漂石嵌入深度及冲深达到平衡。作为上述过程的结果，漂石最终达到稳定，并嵌入河床，从而减少漂石的暴露高度。

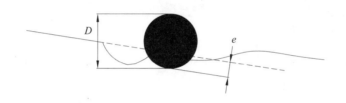

图4-3　漂石嵌入深度示意图

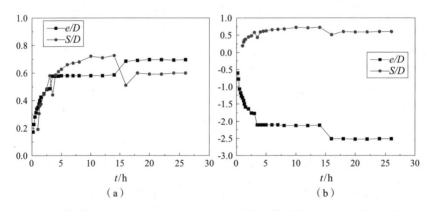

图4-4　漂石嵌入深度（e）、沿主流位移（L）及漂石前冲坑深度（S）时间序列变化

冲坑发育促使漂石不断向上游移动及嵌入河床。如图 4-5 所示为漂石粒径、床沙粒径及水深与漂石前最大冲坑深度 S_m、最大冲坑范围 L_s/h 之间关系，可以看出 D 与 S_m、d/h、S_m/h 及 L_s/h 呈现出较好的线性正相关关系，随着 d/h 的增加，S_m/h 及 L_s/h 也随之增加，S_m/h 增加的幅度要远小于 L_s/h，床沙粒径对冲坑范围的影响要远大于对冲坑深度的影响，L_s/h 与 S_m/h 为联动变化。究其原因，在相同水流条件下，床沙粒径越大，河床阻力越大，抗冲性越强，冲坑深度的增加幅度也就越小。

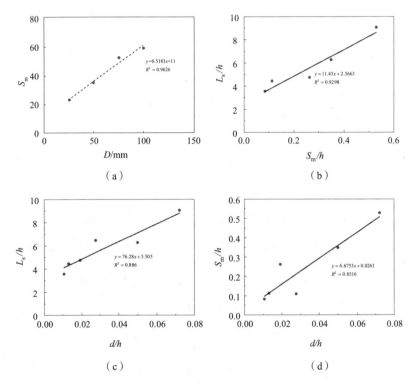

图4-5　冲坑大小与漂石大小及床沙粒径关系

　　为了更深入分析漂石嵌入河床及位移过程特征，本小节讨论不同来流条件对漂石嵌入河床及位移过程的影响。如图4-6所示，在相同流动强度 u_0/u_c 下，不同水深下的相对于水深的漂石嵌入深度（e/h）随时间均有着相似的台阶式增长的趋势，一般出现2～3级台阶，随水深增加而减小，这意味着在相同的流动强度下，水深与漂石的嵌入深度呈负相关，水深增加，相对漂石嵌入深度反而减小。在相同水深及流动强度下，漂石粒径增加，漂石嵌入深度也增加，这是由于漂石粒径增加，重量增加，对河床的压力也相应增加，与水流的相互作用的面积相应增加，过水断面减小，局部流速增加，局部冲刷也相应增加，因此，球体重量与冲刷加剧导致其嵌入深度随粒径增加。对于相同淹没深度 h/D 及水流强度，相对漂石嵌入深度（e/D）大体上随粒径增加而增加，但漂石粒径 $D \geqslant 50\text{mm}$，50mm、75mm及100mm这三种粒径的漂石其相对漂石嵌入深度（e/D）十分接近，这意味着对于相同淹没深度 h/D 及水流强度下，漂石粒径增加到一定程度时，对相对漂石嵌入深度（e/D）影响变小。在相同水深下，相对漂石嵌入深度（e/D）随流动强度的增加而增加，这是由于当流动强度增加时，漂石上游来流挟沙能力增强，同时大流速的水流与漂石的相互作用也增强，更多的漂石局部的床沙被冲刷至下游。u_0/u_c 越大，漂石附近的冲刷强度也就越大，u_0/u_c 也会降低在活床条件下达到平衡 e_m/D 所需的时间。u_0/u_c 越大，漂石附近的冲刷强度也就越大（Sumer et al., 2001；Truelsen et al., 2005；Sumer et al., 2002）。

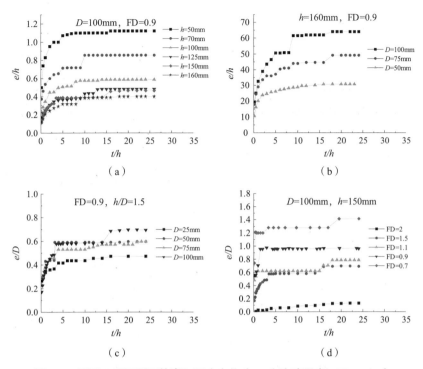

图4-6　不同工况下漂石的嵌入深度变化（FD为流动强度，FD=u_0/u_c）

对于漂石而言，漂石嵌入深度值（e）与来流条件（水深、流速等），周围泥沙的特性，以及漂石的大小、形状和密度密切相关（Sumer et al., 2002；Cataño-Lopera et al., 2007，2011）。如图 4-7 所示，最大漂石嵌入深度 e_m/D 与流动强度 u_0/u_c 之间呈良好的对数关系，拟合公式为（4-1）：

$$e_m/D=f（u_0/u_c）=a\ln（u_0/u_c）+b \qquad （4-1）$$

最大漂石嵌入深度值 e_m/D 随流动强度 u_0/u_c 的增加而增加，与 Truelsen 等人（2005）研究中的 0.5 和 Sumer 等人（2001）的 0.7 不一致，这可能是由于水流条件不同，文献中采用的是非均匀恒定流。Sumer 和 Fredsøe（2002）提出的最大嵌入深度值 e_m/D 在动床冲刷条件下（$\theta > \theta_c$），相同形状的物体达到相同的平衡埋藏深度。当沙波

长度大于 D 时，河床冲淤变形尺度与床沙粒径成比例（Voropayev et al., 1999），漂石嵌入河床深度 e_m/D 随 d_{50}/D 增加而增加。如图 4-7 所示，结果表明，最大漂石嵌入深度 e_m、最大冲坑深度 S_m 及最大位移 L_m 均与漂石粒径为良好的线性正相关。e_m/D 与 d/D 之间的关系也可用拟合公式表示为

$$e_m/D=f\left(d_{50}/D\right)=c\ln\left(d_{50}/D\right)+d \tag{4-2}$$

$$e_m/D=f\left(u_0/u_c\right)f\left(d_{50}/D\right) \tag{4-3}$$

$$e_m/D=\left(a\ln\left(u_0/u_c\right)+b\right)\left(c\ln\left(d_{50}/D\right)+d\right) \tag{4-4}$$

$$e_m/D=ac\ln\left(u_0/u_c\right)\ln\left(d_{50}/D\right)+ad\ln\left(u_0/u_c\right)+cb\ln\left(d_{50}/D\right)+bd \tag{4-5}$$

$$e_m/D=A\ln\left(u_0/u_c+d_{50}/D\right)+B\ln\left(u_0/u_c\right)+C\ln\left(d_{50}/D\right)+D \tag{4-6}$$

上式中，a，b，c，d 为系数，如图 4-7 所示，结合公式（4-6）与试验数据拟合结果较为一致。

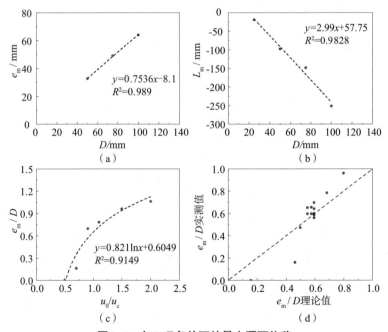

图4-7　各工况条件下的最大漂石位移

4.2.2　漂石河床纵剖面特征

如图 4-8 所示，概化漂石多次滚落进漂石前部冲坑，产生明显位移，图 4-9 中天然漂石仅发生倒伏没有明显位移，但不同的床沙粒径，漂石向上游倒伏的角度不同，粒径为 2.5mm 的细砂床面接近 90°，而 d=7.0mm 的粗砂接近 45°，这说明漂石的形状（尤其不规则形状）及床沙组成会影响漂石的位移过程。同时在概化的漂石尾部的两侧冲沟及淤积带是对称分布的，而天然漂石不规则的形状也导致了漂石尾部两侧冲沟及淤积带的不对称分布，仅有一条冲沟较为明显。

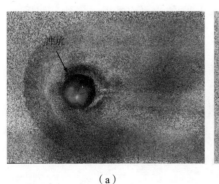
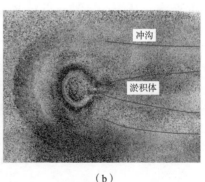

（a）　　　　　　　　　　　　　　　（b）

图4-8　概化漂石局部冲淤变化

（a）床沙d=2.5mm　　　　　　　　　　（b）床沙d=7.5mm

图4-9　漂石局部冲淤变化

当漂石局部冲刷稳定后，以顺水流方向通过最大冲深位置剖出不同工况下的地形纵剖面，如图4-10所示，由此可知，在同种床沙粒径下，相对淹没度h/D越大，最大冲坑深度S_m越小，而冲坑纵向范围L_s增加，淤积的最大高度值相近；在相同相对淹没度下，床沙粒径越大，冲坑范围越大，而对冲坑深度和淤积高度影响较小；在$d=7mm$工况下，冲坑上游的坡度要小于$d=2.5mm$工况，冲坑下游一侧的坡度两者接近平行；不同相对淹没度下，同一粒径的冲坑上游坡度相同，由于冲坑坡度等于泥沙休止角，粒径相同，则冲坑的坡度相同（Graf et al.，2002）；在相同条件下，$d=7mm$的休止角要大于$d=2.5mm$（Yager et al.，2007），因此一旦形成溯源冲刷，$d=7mm$的冲坑范围要大于$d=2mm$的冲坑范围。

综上所述，漂石局部河床的冲坑深度与冲坑范围不仅与水流条件相关，也与床沙粒径有关，漂石下游最大淤积高度值对于相对淹没度及床沙粒径的变化不敏感。

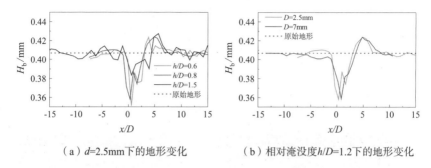

（a）d=2.5mm下的地形变化　　　（b）相对淹没度h/D=1.2下的地形变化

图4-10　不同床沙粒径条件下的河床中心纵剖面地形变化（H_b为纵剖面高）

4.3　动床条件漂石局部水流结构

4.3.1　漂石局部流速分布

为说明在动床试验中，不同冲刷时间下漂石的水流结构特性，观察图4-11，其为不同冲刷时间下漂石附近中心剖面流线图，由试验现象及图4-3可知漂石下陷在冲刷时间达到24h时处于平衡状态，漂石不再下陷。四个测量时段，均出现相同的流动模式：在漂石上游有部分水流成为下潜水流，冲击侵蚀着漂石前床沙，这是漂石前冲坑的形成主因之一，部分水流沿漂石的表面成为上升水流；漂石邻近下游，明显可以看出流线紊乱，这是由于漂石尾部存在大量涡与湍流结构，打乱了原有的顺直流路。漂石背水面侧向绕流产生马蹄形漩涡和尾流漩涡，迎水面的上升流、下潜流与侧向绕流，在漂石后汇合，形成强紊流区域，从而加剧了水流比降，加大了水流局部紊动和挟沙能力，引起了漂石周围河床的局部冲淤变形（Shamloo et al.，2001）。

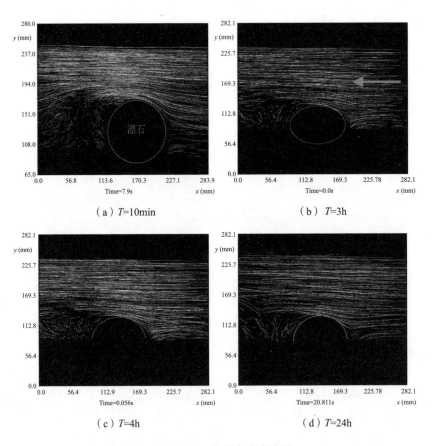

（a）T=10min   （b）T=3h

（c）T=4h   （d）T=24h

图4-11　漂石周围水流流线图

从图4-12不同时刻的漂石周围的平均流速图中可看出，漂石邻近下游的区域，即近尾流区，近底水流流向上游，为近底逆流（Papanicolaou et al.，2012），近底逆流流速最大值紧邻漂石，且随着与漂石的距离增加而逐渐减小，且水流方向及大小逐渐恢复；并且近底逆流区在水深方向的高度大致与漂石的暴露高度齐平。此外，随着冲刷时间的推移，漂石不断下陷，其暴露高度逐渐减小，漂石对水流的影响范围随之减小，但在不同时刻近底逆流的极大值变化很小，说明近底逆流极大值几乎不受冲刷时间及漂石暴露度的影响。

（a）T=10min，D=10cm，h/D=1.5

（b）T=3h，D=10cm，h/D=1.5

图4-12　不同时刻的漂石周围的平均流速图u（mm/s）

（c）T=4h，D=10cm，h/D=1.5

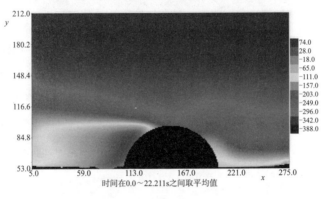

（d）T=24h，D=10cm，h/D=1.5

图4-12 不同时刻的漂石周围的平均流速图u（mm/s）（续）

从图4-13不同相对淹没度的漂石周围的平均流速图中可以看出，在相同的冲刷时间（24h）内，漂石的暴露高度在h/D=1时最大，从侧面说明h/D=1时对漂石暴露度影响最大的是相对淹没度临界值，并且在不同淹没度下流速的极值位于邻近漂石下游的近底位置，与上文讨论结论一致。

（a）h/D=0.75，D=10cm，T=24h

（b）h/D=1，D=10cm，T=24h

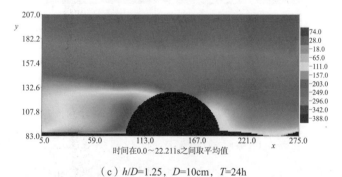

（c）h/D=1.25，D=10cm，T=24h

图4-13　不同相对淹没度的漂石周围的平均流速图u（mm/s）

如图 4-14 不同粒径漂石周围的平均流速图中所示，在相同的冲刷时间（24h）、流动强度（0.9）及相对淹没度（h/D=1.5）下，粒径越大，漂石附近的流速分层越明显，即漂石粒径越大，对水流影响的范围也就越大，能显著影响水流流速，促进流速分层。

（a）D=5cm，h/D=1.5，T=24h

（b）D=7.5cm，h/D=1.5，T=24h

图4-14 不同粒径漂石周围平均流速u（mm/s）

如图 4-15 不同时刻的漂石周围的垂线流速分布图所示，随着漂石不断下陷，漂石的暴露高度减小，漂石对垂线流速分布影响范围大致为漂石的暴露高度。漂石近尾流区垂线流速分布变形幅度随暴露高度的减小而减小，随之逐渐恢复至近对数分布，但受到漂石的暴露高度及河床冲淤地形的影响，垂线流速分布在近底出现小幅变形，与传统对数分布接近。

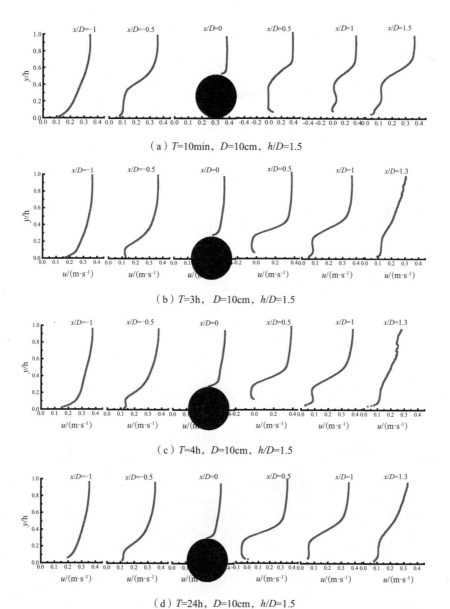

（a）T=10min，D=10cm，h/D=1.5

（b）T=3h，D=10cm，h/D=1.5

（c）T=4h，D=10cm，h/D=1.5

（d）T=24h，D=10cm，h/D=1.5

图4-15　概化漂石周围垂线流速分布

受限于漂石的暴露高度，漂石对于上层水深的水流结构影响较小，但对 0.2 倍水深以下区域的流速分布影响较大，而此水深以下的水流结构决定着泥沙输移影响过程。水流垂线流速分布如公式（4-7）所示，利用流速和摩阻流速的比值来对流速无量纲化：

$$\frac{u}{u_*} = \frac{1}{\kappa}\ln\left(\frac{y}{h}\right) + b \qquad (4\text{-}7)$$

式中：u 为测点处流速；κ 为卡门常数；y 为沿垂线水深；b 为常数；u_* 为摩阻流速。

但是，漂石河床的摩阻流速计算复杂，难以确定。以水流方向为正方向，本试验选取 $x/D= -0.8$ 及 $x/D=0.8$（即距离漂石边缘 5cm）两个断面，利用流速与进口平均流速的比值对流速进行无量纲化，如公式（4-8）。

$$\frac{u}{U} = A\ln\left(\frac{y}{h}\right) + b \qquad (4\text{-}8)$$

式中：A 为常数；U 为进口平均流速；$0<y/h\leqslant0.2$。

图 4-16 为漂石区域 0.2 倍水深以下的流速分布，如图所示，各种粗糙度下漂石前后的近底水流的流速分布形式均符合对数分布，漂石上游的近底流速明显大于漂石下游的流速。在相同条件下，无沙床面的漂石上游的流速略大于有沙床面，这是因为床面泥沙能有效地阻水消能，使得有床沙的近底流速偏小；对于无沙床面，漂石下游的流速分布随着相对淹没度的不同存在着较大差异，在相同条件下，$h/D=0.8$ 时的流速明显大于 $h/D=1.2$；而对于有沙床面漂石下

游的流速则差异不大，这是由于床面泥沙的阻水效应，使得近底水流的紊动减弱，淹没度增加并不能使近底水流流速增加，因而粗糙床面的近底流速分布对相对淹没度不敏感；此外，如表 4-3 所示为各工况下拟合得到的近底流速参数。可以看出有沙床面下漂石下游流速分布公式的常数 A 的数值明显大于无沙床面下的漂石下游，而常数 A 越大，说明在 $0 < y/h \leqslant 0.2$ 时，水深对于有沙床面的近底流速分布的影响要大于无沙床面。

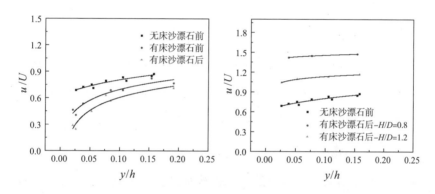

图4-16　近底流速分布变化

表4-3　流速分布相关参数

项　目			A	b	相关系数 R^2
无沙床面	漂石前	h/D=0.6，0.8，1.2	0.098	1.036	0.896
	漂石后	h/D =0.8	0.036	1.540	0.988
		h/D =1.2	0.067	1.288	0.995
有沙床面	漂石前	h/D =0.8，1.2，1.5	0.175	1.098	0.935
	漂石后	h/D =0.8，1.2，1.5	0.222	1.113	0.923

4.3.2　漂石局部水流紊动

从图 4-17 中不同来流及粒径的漂石周围的紊动能可知，漂石对紊动的影响集中在漂石下游，紊动能随着水深的增加而减小，这可能是由于水流在漂石底部形成马蹄涡，马蹄涡涡旋活跃，延展进入漂石下游尾流区，并逐渐减小它的强度；对于淹没球体而言，在漂石下游形成拖尾涡，作用范围与漂石的暴露高度一致，因此在漂石下游区域中，漂石暴露高度以下的水深增加了水流的紊流能，从而使得侵蚀和运输的沉积物增加（Yager et al., 2007；Baki et al., 2015）。紊动能在漂石下游出现激增的现象，这可能是由于漂石下游近底逆流，与滞止压强所形成的携沙水流在该区域相遇，导致紊动能激增。随漂石的冲刷时间的推移及漂石暴露高度的减小，紊动能的极大值大小及位置均发生改变，其中紊动能先增大后减小，而从漂石下游逐渐上移至漂石表面附近，这可能是由于漂石周围的河床冲淤变化，尤其冲坑范围及漂石本身在下陷的同时不断向上游移动，使得漂石周围的紊动能分布发生改变。

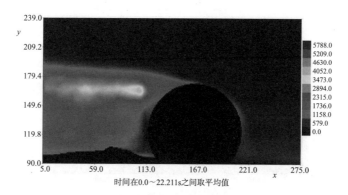

时间在0.0～22.211s之间取平均值

（a）T=10min，D=10cm，h/D=1.5

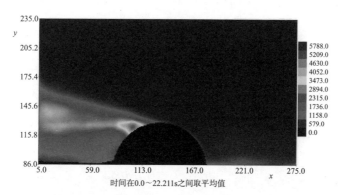

时间在0.0～22.211s之间取平均值

（b）T=3h，D=10cm，h/D=1.5

时间在0.0～22.211s之间取平均值

（c）T=4h，D=10cm，h/D=1.5

图4-17 概化漂石周围平均紊动能TKE

时间在0.0~22.211s之间取平均值

（d）T=24h，D=10cm，h/D=1.5

时间在0.0~22.211s之间取平均值

（e）T=24h，D=5cm，h/D=1.5

时间在0.0~22.211s之间取平均值

（f）T=24h，D=7.5cm，h/D=1.5

图4-17 概化漂石周围平均紊动能TKE（续）

由图4-18可知不同粗糙床面下的漂石附近中心剖面紊动强度变化。结果表明：在相同条件下，各工况均在 $1 < x/D < 1.5$ 时出现

紊动强度激增的现象，并且在无床沙下的紊动强度最大值从槽底偏离，在床沙粒径 d=2.5mm 及 d=7mm 的粗糙床面中的紊动强度最大值都在靠近床面处，对于粗糙粒径更大的床面其结果与上述研究结果（床沙粒径为 d=0.85mm）大体一致；并且随床沙粒径（d）增大，紊动强度激增的幅度越来越小，这意味着床沙粒径越大，抵抗漂石所带来的水流紊动能力越强，抗冲刷能力也越大。

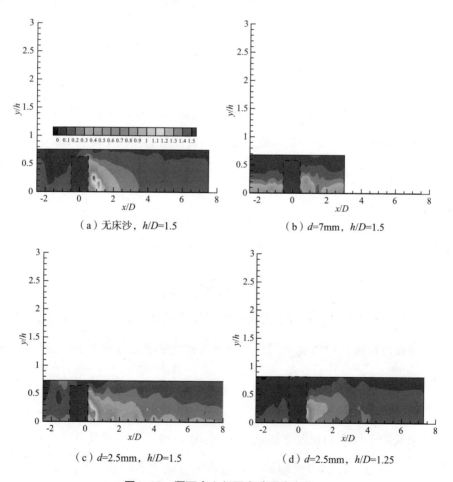

（a）无床沙，h/D=1.5　　　　　　　　（b）d=7mm，h/D=1.5

（c）d=2.5mm，h/D=1.5　　　　　　（d）d=2.5mm，h/D=1.25

图4-18　漂石中心剖面紊动强度变化

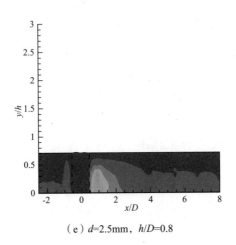

（e）d=2.5mm，h/D=0.8

图4-18　漂石中心剖面紊动强度变化（续）

下面将探究不同粗糙床面下漂石对局部水流的紊动耗散的影响，其中紊动耗散率是衡量水流紊动特性及能量转换的重要参数，它与水流掺混、尾涡分离关系密切，连续湍流下的平均紊动耗散率 ε 可由公式（4-9）表示：

$$\varepsilon = C_\mu^{\frac{3}{4}} \frac{K^{\frac{3}{2}}}{l} \qquad (4\text{-}9)$$

$$l=0.07L^* \qquad (4\text{-}10)$$

式中，K代表测量起点上游来流的平均紊动能；C_μ通常取0.09；l代表紊流尺度；L^*为特征尺度，系数0.07是基于充分发展的湍流管流中的混合长度的最大值。

为比较不同条件下的耗散率，本节将其无量纲化 $\varepsilon/\varepsilon_0$（$\varepsilon_0$ 为上游来流的平均紊动耗散率初始值），由图 4-19 可知，紊动耗散率在漂石下游 $\Delta x \leqslant 1.5D$ 时激增，并随水流方向逐渐回落，与图 4-18 中紊动强度在漂石下游分布一致。在无床沙时与 d=2.5mm 的紊动耗散

率的变化趋势及耗散值均十分接近，但与 d=7mm 时相差较大，其
紊动耗散率的最大值明显小于无床沙及床沙粒径为 d=2.5mm 时的床
面，说明随着床沙粒径的增加，阻力增加，消耗能量增加，粗糙床
面下的漂石引起的紊动耗散减小，因而紊动耗散率变化趋缓，增加
幅度较小。

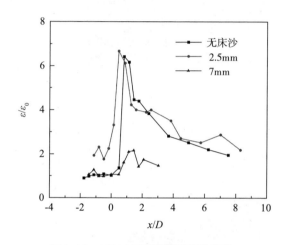

图4-19　h/D=1.5下的紊动耗散变化

4.3.3　漂石局部水流切应力分布

水流切应力分为黏性切应力与紊动切应力，近床面主要为黏性
切应力，远离床面则主要为紊动切应力即雷诺应力分布。通过图
4-20雷诺应力分布可以看出，由于漂石引起水流紊动，尤其是漂石
尾流，与紊动能分布类似，在水深约为与漂石顶部处齐平或略高的

位置，出现最大的雷诺应力绝对值，随漂石的冲刷时间的推移及漂石暴露高度的降低而减小。

（a）T=10min，D=10cm，h/D=1.5，u_0/u_c=0.9

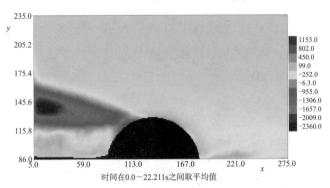

（b）T=24h，D=10cm，h/D=1.5，u_0/u_c=0.9

（c）T=4h，D=10cm，h/D=1.5，u_0/u_c=0.9

图4-20　概化漂石周围平均雷诺应力

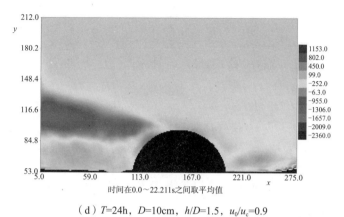

（d）T=24h，D=10cm，h/D=1.5，u_0/u_c=0.9

图4-20　概化漂石周围平均雷诺应力（续）

从图 4-21 即近尾流区床面切应力分布图（以漂石中心为起点 x/D=0）可以看出，近尾流区内的床面雷诺应力随 x/D 的增加先振荡变化后激增，漂石近尾流区内床剪切应力的空间变化（Yager et al.，2007；Papanicolaou et al.，2012），如图 4-21（a）所示，在不同时刻，差别明显：在冲刷的起始阶段（T=10min），在 x/D < 1 时，发生床面 $u'v'$ 激增，甚至转向，而在冲刷的后阶段（T=3h 及 4h）三者的床面 $u'v'$ 走向一致，且大小一致，均在 x/D=1.3 的位置出现激增，随后 T=24h 时，由于相机的拍摄范围的限制，在 x/D ≤ 1.3 内，床面切应力走向平稳无激增，说明在 T > 3h 后床面雷诺应力开始趋于稳定，然而 T > 3h 后漂石有明显的下陷与向上游移动，漂石前及两侧的冲坑的范围及冲深仍有明显变化，但变化强度明显小于冲刷的起始阶段，这说明在 T > 3h 后，河床冲淤变形及漂石位移的变化对于床面雷诺应力影响很小，漂石近尾流区的床面切应力剧烈变化阶段在冲刷起始阶段，其漂石的暴露高度大，近尾流区的床面变形小，对于床面切应力影响也较小，进而说明在冲刷起始阶段，漂石对周围泥沙输移的影响最大，且床面切应力随时间推移而趋于稳定。

此外，24h 冲刷稳定后，如图 4-21（b）所示，非淹没状态（$h/D=0.75$）的床面切应力明显大于淹没状态（$h/D \geq 1$），这是由于非淹没状态下尾流下的水汽掺混更为剧烈，尾涡更易破碎，因此对近底的床面的冲刷更为剧烈。如图 4-21（c）所示，对于 $D=5cm$ 及 7.5cm，在 $x/D=1.5 \sim 2$ 之间均出现激增，这是由于漂石两侧绕流与尾流在近尾流区尾部位置的重附着点附近相遇，产生流向上游的近底水流，因此，床面切应力在 $x/D=1.5 \sim 2$ 之间出现方向逆转与激增，也侧面说明近尾流区为泥沙沉积区。这与上章讨论的近尾流区在漂石下游 $x/D < 2$ 范围内是一致的。如图 4-21（d）所示，三种流动强度下的切应力趋势一致，数值大体相同，不同的流动强度对床面切应力的分布影响不明显。

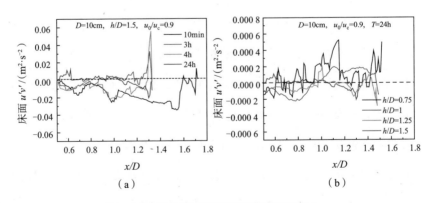

图4-21　概化漂石近尾流区床面雷诺应力

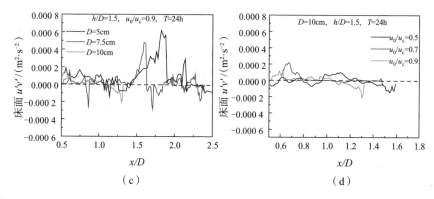

图4-21　概化漂石近尾流区床面雷诺应力（续）

4.4　小　结

本章基于室内动床冲刷试验，探讨了不同水沙条件下的漂石河床冲淤变形特征、漂石位移变化特征，及河床冲淤变化下的水流结构变化特征，主要成果如下。

（1）漂石前的下潜水流及马蹄形涡旋是引发漂石冲坑发育的主因，漂石前的冲坑发育促使漂石失稳下陷，漂石下陷深度及溯源移动距离呈台阶状增加；漂石的位移受到漂石大小、水深及水流强度控制，漂石下陷深度随着漂石大小及水流强度的增加而增加，并且与之构成良好的对数函数关系：$e_m/D = f(u_0/u_c) f(d_{50}/D)$。此外，泥沙在漂石下近尾流区淤积，其淤积规模与床沙粒径及漂石淹没深度相关。

（2）漂石河床冲淤变形影响局部水流结构。近尾流区内流速分布随冲刷时间的增加而发生显著变化，其流速分布偏离对数分布，且冲刷时间越长，漂石的下陷越明显，漂石的暴露高度越小，其偏离程度越会显著降低，而紊动能、紊动强度及耗散率均在近尾流区出现激增，且其极值点从床面偏离至漂石顶部水深位置处。

（3）河床冲淤变形促使漂石局部床面切应力的时间及空间分布不均匀。床面切应力在冲刷起始阶段急剧变化，并在 $x/D=1.5\sim2$ 之间，即近尾流区与远流区交界位置出现激增。非淹没状态下的床面切应力明显大于淹没状态；而不同的流动强度对床面切应力的分布影响不明显。此外，水流的雷诺应力在与漂石顶部齐平的水深处出现了方向逆转与极值。

第 5 章

漂石河床洲滩发育过程试验

　　基于野外调查及上一章动床试验研究发现，山区河流大量上游来沙在漂石河段落淤，改变了漂石河床形态，促使河床内洲滩的大量发育，而发育的漂石洲滩河床形态反作用于水流运动和泥沙输移规律，从而对漂石河床洲滩发育产生影响。此外，由于降雨的时空分布不均匀性及河道地形多变等因素，使得山区河流具有多样的间歇性非均匀的泥沙补给过程。为此，本章通过系列室内试验来分析不同泥沙补给条件下漂石河床的洲滩形成过程，及河床形态变化与水位响应过程，从而揭示水沙条件下的漂石河床形态调整机制。

5.1　漂石河床洲滩发育过程模型试验

　　基于对龙溪河龙池镇河段的野外调查，即麻柳沟入汇口至龙溪河下桥处河段，发现该河段存在大量的漂石。如图 5-1 所示，在不同漂石分布下，漂石与泥沙相互作用，逐渐形成了以单漂石为主的单漂石卵石滩，和多漂石联合作用形成的多漂石卵石滩，因此本小节在四川大学水力学与山区河流开发保护国家重点实验室修建比例尺为 1∶30 的相似物理模型（见图 5-2）进行系列试验，模型总长度为 30m，此河段受麻柳沟泥石流入汇影响，泥沙含量丰富，同时大量的漂石沉积于此河段。每间隔 1m 布置一个测量断面，共计 22 个断面。该试验段长度为 21m，河床高程总体呈沿程减小，平均比降为 2.38%；横断面呈矩形，纵断面则呈现"两头小、中间大"的不规则变化。

（a） （b）

图5-1 龙溪河漂石与卵石滩照片

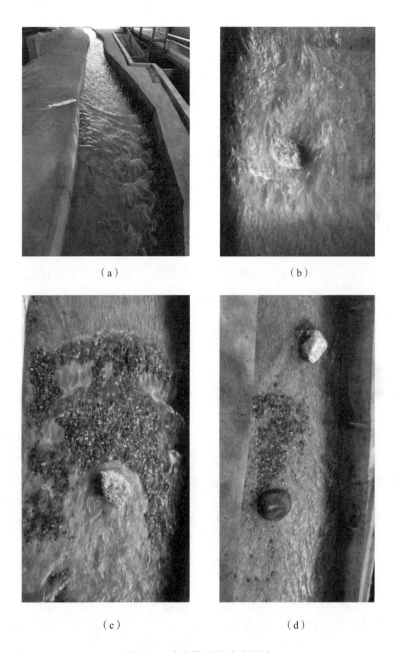

（a）

（b）

（c）

（d）

图5-2　试验模型及试验照片

　　试验共设计 29 组工况（见表 5-1），分为无漂石、单漂石、双漂石三系列、七种上游不同泥沙补给试验（见图 5-4）。试验模型主要通过矩形薄壁堰、流量调节控制阀及水位测针来调节蓄水池堰上水头，控制上游来流。参考龙溪河天然河道实际流量范围，工况 R1～R6 为无漂石泥沙补给试验，流量设置为 40L/s 与 60L/s；R7～R25 为单漂石泥沙补给试验，流量设置与无漂石试验一致；R26～R29 为双漂石泥沙补给试验组，流量设为 20L/s，试验过程中测量河道内泥沙高度及水位变化。在上游采用泥沙颗粒粒径为 1～2cm（d_{50}=1.5cm）的卵石作为上游补给用沙在上游河段加沙。如图 5-3 所示，通过六种加沙方案来改变河流的来水来沙条件，泥沙的补给方式分别为等量间歇加沙（2kg 与 4kg 两种等量方式）、单峰间歇加沙（包含正态单峰与单峰前置两种）和双峰间歇加沙以模拟天然泥沙补给的间歇性与不均匀性，加沙间隔为 30s。每组试验加沙完成后，利用测针测量各断面位置的两岸水位大小和床面高度，以及泥沙淤积典型断面（L=9～13m），并利用图像法测量河道形态的变化过程及最终淤积地形，测量结束后，关闭进水阀门结束试验。

表5-1　试验工况设计表

工况	流量 $Q/(L \cdot s^{-1})$	漂石粒径 D/cm	漂石个数 N/个	漂石位置	漂石间距 L/m	来沙粒径 d/cm	加沙类型	来沙质量 M_s/kg
R1	40	—	—	—	—	—	—	—
R2	60	—	—	—	—	—	—	—
R3	40	22.8	1	L=12m 中	—	—	—	—
R4	60	22.8	1	L=12m 中	—	—	—	—
R5～R9	40	—	—	—	—	1～2	C1～C5	40
R10～R14	60	—	—	—	—	1～2	C1～C5	40
R15～R19	40	22.8	1	L=12m 中	—	1～2	C1～C5	40
R20～R24	60	22.8	1	L=12m 中	—	1～2	C1～C5	40
R25	40	22.8	1	L=12m 中	—	1～2	C6	80
R26	20	22.8，25.3	2	L=8～12m	1.00	1～2	C6	80
R27	20	22.8，25.3	2	L=9～13m	1.25	1～2	C6	80
R28	20	22.8，25.3	2	L=9～12m	1.50	1～2	C6	80
R29	20	22.8，25.3	2	L=7～10m	1.80	1～2	C6	80

注：Q—流量；D—漂石粒径；N—漂石个数；d—加沙粒径；L—漂石间距；加沙类型—如图 5-5 所示；M_s—总加沙量。

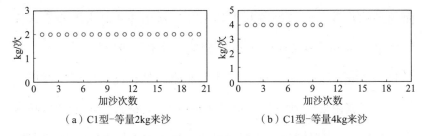

（a）C1型-等量2kg来沙　　　　（b）C1型-等量4kg来沙

图5-3　加沙类型

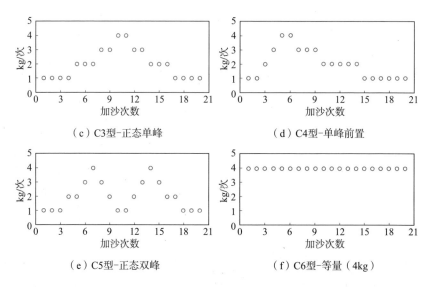

（c）C3型-正态单峰 　　　　　（d）C4型-单峰前置

（e）C5型-正态双峰 　　　　　（f）C6型-等量（4kg）

图5-3　加沙类型（续）

5.2　漂石河床清水条件下的水动力学参数变化

根据工况 R1～R3 试验得到的床面和水深数据计算了各个断面的平均水深、弗劳德数和平均水位。从图 5-4 清水无漂石床面沿程水位可知，在 $L=0～11m$ 位置前，水位与床面近乎平行，在 $L=11～22m$ 河段，水位陡升，其主要原因是在此河段河床宽度变化以及河宽由展宽到缩窄，河道坡降 S 从 2.36% 增加到 6.7% 再减小到 0.25%，水深增加，甚至出口段的水深大小是进口段的 10 倍左右。上游河段水深，流速减小，因而该河段水流流态发生变化，从

$Fr > 1$ 到 $Fr < 1$，水流流态由急流变为缓流，从试验现象来看，此河段发生了水跃现象。当漂石置于 $L=12\text{m}$ 断面中间位置时，漂石上游水位变化不明显，但漂石下游（$L=13\text{m}$）出现水位下降，随后逐渐恢复。从流态来看，在 $L=11\text{m}$ 及 13m 即漂石邻近上、下游位置，Fr 均增大明显，且均大于 1。由此得出，漂石影响局部河道中水位及水流流态，进而使局部河段的水流结构发生改变。

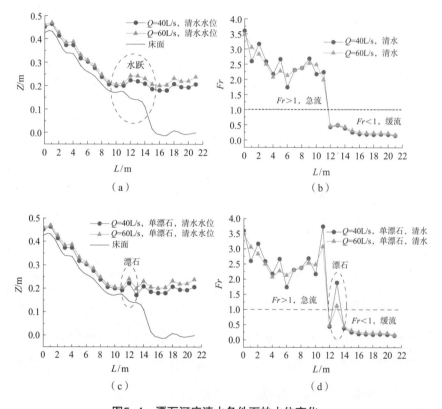

图5-4　漂石河床清水条件下的水位变化

为了讨论该河段的水流挟沙能力及预判泥沙补给时泥沙主要落淤的位置的内在动因，采用沙莫夫公式计算泥沙补给条件下各个断面的泥沙起动流速：

$$u_{sc} = 1.47\sqrt{gd}\left(\frac{h}{d}\right)^{\frac{1}{6}} \qquad (5\text{-}1)$$

式中：u_{sc}——起动流速（m/s）；g——重力加速度（m/s^2）；h——水深（m）；d——泥沙粒径（m），取中值粒径d_{50}=15mm。

如图 5-5 所示为 Q=40 L/s 下沿程断面平均流速与泥沙起动流速分布，L=0～10m 断面河段内，水流的平均流速大于泥沙的起动流速；但在 L=11m 及 14m 断面平均流速与泥沙起动流速几乎相等，意味着 L=11m 及 14m 河道可能落淤，而 L=11m 在 L=14m 的上游，所以有可能最早泥沙开始落淤的位置为 L=11m，这与试验现象相符。究其原因主要是 L=9～12m 断面之间为河道展宽段，且 L=11m 断面为该河道中最大河宽、河床比降由陡变缓、水流流态从急流变为缓流的临界断面，导致水流流速减小，挟沙能力减弱，利于泥沙的淤积发展。但漂石放置于 L=11m 断面中点后，由于漂石的阻水作用，试验发现在 L=11～13m 断面水位急剧变化，断面流速激增，但 L=11m 断面的流速仍然与泥沙起动流速接近，泥沙可能在漂石上游断面邻近上游的位置开始落淤，与试验现象一致。这说明漂石通过改变其周围的水流条件，改变了水流的挟沙能力，影响泥沙落淤的位置与形态，从而影响河床的输沙过程。

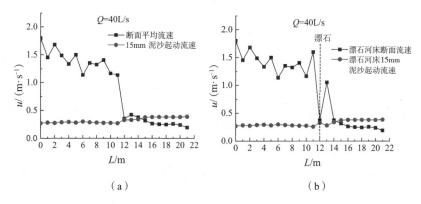

图5-5　断面平均流速与泥沙起动流速对比

5.3　来沙条件下的漂石河床变形过程

5.3.1　漂石河床发育过程

在等量间歇性泥沙补给的试验过程中观察泥沙淤积发展趋势，发现小流量工况下在无漂石河床与有漂石河床中泥沙主要淤积位置在 L=11～12m 之间，大流量工况下淤积断面则扩大为在 L=11～13m 之间。由上述初始河床形态参数和无来沙条件下的水力参数分析可知，L=9～12m 断面之间为河道展宽段，挟沙能力减弱，利于泥沙的淤积发展。

图 5-6 所示为 R6 工况（Q=40L/s，无漂石河床 4kg 等量来沙）的泥沙淤积形态变化过程。从图中可以看出，泥沙从 L=12m 断面开

始淤积，每次来沙淤积形态，从单一横条过渡为多翅拱形的横向淤积条带，溯源淤积，使得该淤积段的河床比降急剧减小。随着来沙的增加，淤积条带最后连成片状。

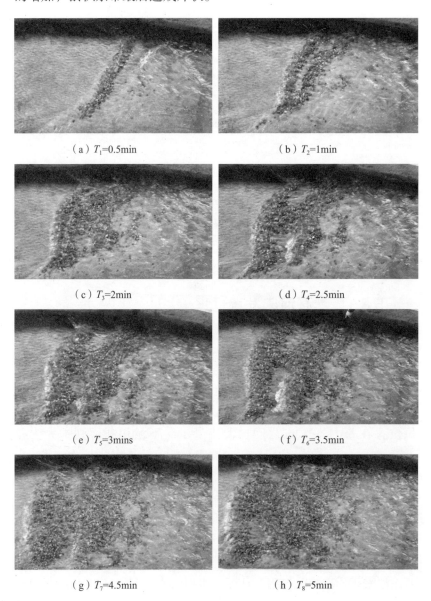

（a）T_1=0.5min　　　　　　　　　（b）T_2=1min

（c）T_3=2min　　　　　　　　　（d）T_4=2.5min

（e）T_5=3mins　　　　　　　　　（f）T_6=3.5min

（g）T_7=4.5min　　　　　　　　　（h）T_8=5min

图5-6　Q=40L/s泥沙补给过程无漂石河床形态变化

图 5-7 所示为 R16 工况（Q=40L/s 单漂石河床 4kg 等量来沙）下的泥沙淤积形态变化过程。相同水沙条件下，漂石对周围水流结构及泥沙输移过程产生很大程度的影响，造成明显不同的淤积地形。相同时刻下，泥沙覆盖面积变化不大，但漂石减小了泥沙向下游输移速率，促使淤积带的曲率更大，且淤积带大致向上游移动 15cm，而漂石邻近位置极少有泥沙淤积。

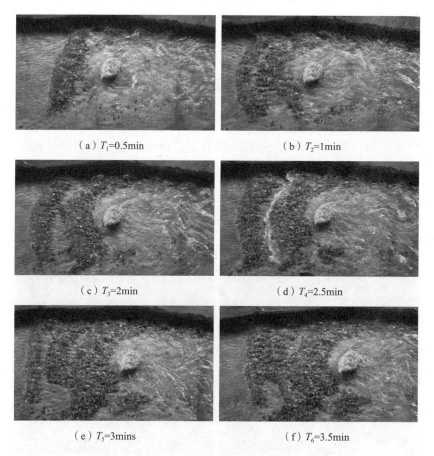

（a）T_1=0.5min

（b）T_2=1min

（c）T_3=2min

（d）T_4=2.5min

（e）T_5=3mins

（f）T_6=3.5min

图5-7　Q=40L/s泥沙补给过程单漂石河床形态变化

（g）T_7=4.5min　　　　　　　　　　（h）T_8=5min

图5-7　Q=40L/s泥沙补给过程单漂石河床形态变化（续）

如图 5-8 所示为 R11 工况（Q=60L/s 无漂石河床 4kg 等量来沙）下的河道泥沙淤积形态变化过程，与 Q=40L/s 类似，河道主流偏向左岸，导致左岸的流速大于右岸，Q=60L/s 工况下泥沙从 L=12m 断面中间偏左岸位置开始淤积，但每次来沙淤积带从横条变为横斜条，逐渐变为多斜条形，形成倾斜的拦水堰，堰头部分泥沙被水流冲至靠近左岸位置，在 L=12 ～ 13m 断面偏右岸位置形成倾向下游的结构松散的斜条状淤积带，随来沙量增加，泥沙连成片状。

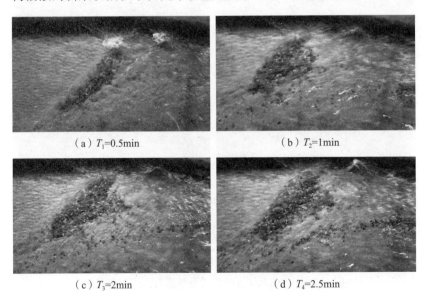

（a）T_1=0.5min　　　　　　　　　　（b）T_2=1min

（c）T_3=2min　　　　　　　　　　（d）T_4=2.5min

图5-8　Q=60L/s泥沙补给过程无漂石河床形态变化

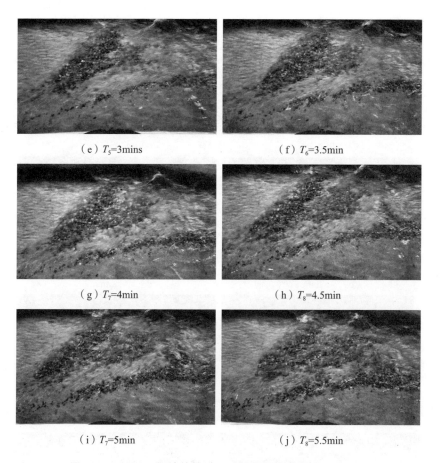

（e）T_5=3mins

（f）T_6=3.5min

（g）T_7=4min

（h）T_8=4.5min

（i）T_7=5min

（j）T_8=5.5min

图5-8　Q=60L/s泥沙补给过程无漂石河床形态变化（续）

　　如图 5-9 所示为 R21 工况（Q=60L/s 单漂石河床 4kg 等量来沙）下的河道泥沙淤积形态变化过程，大流量下，漂石使淤积带斜率变小，而左岸松散的倾向下游的淤积带在漂石上下游形成凸起结构，逐渐与横向淤积带汇合。说明当上游来沙时，漂石不仅影响周围的水流结构，还改变了漂石周围泥沙淤积的形态，影响着河床形态变化。

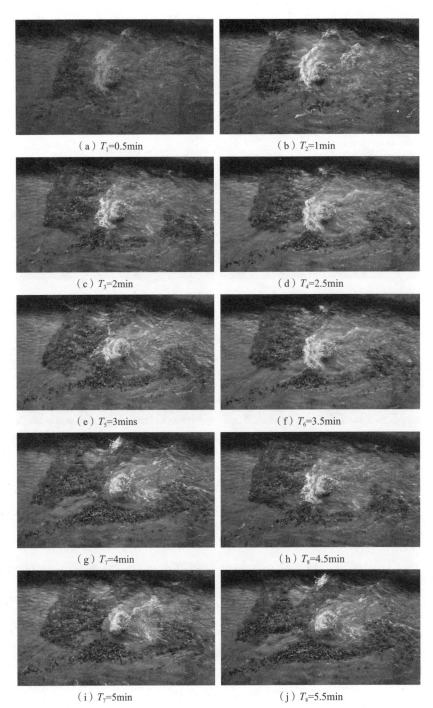

（a）T_1=0.5min

（b）T_2=1min

（c）T_3=2min

（d）T_4=2.5min

（e）T_5=3mins

（f）T_6=3.5min

（g）T_7=4min

（h）T_8=4.5min

（i）T_7=5min

（j）T_8=5.5min

图5-9　Q=60L/s泥沙补给过程单漂石河床形态变化

　　图 5-10 ～ 5-12 显示不同间歇性泥沙补给方式下，泥沙淤积形态发展趋势类似，均经历单一横条逐渐发育为多条，最终连成片状，加沙后泥沙淤积形态相似。但相同时刻淤积带规模差别较大，如等量加沙 T=2min 床面泥沙覆盖面积就要大于单峰与双峰型来沙时的床面泥沙覆盖面积，这是由于不同加沙类型在相同时刻的累积来沙量不同，而上游来沙量主要改变泥沙溯源淤积的速度，造成泥沙淤积带规模的不一致。

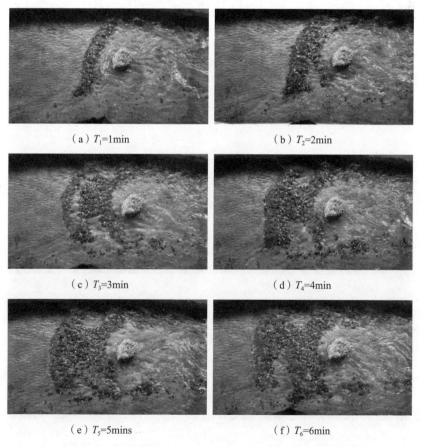

（a）T_1=1min

（b）T_2=2min

（c）T_3=3min

（d）T_4=4min

（e）T_5=5mins

（f）T_6=6min

图5-10　Q=40L/s等量（2kg）型泥沙补给过程单漂石河床形态变化

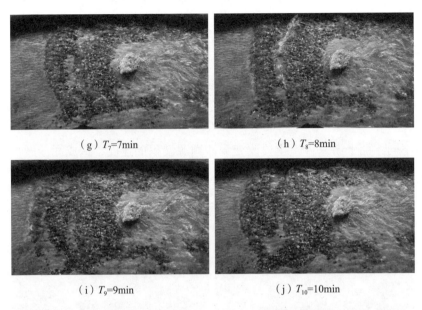

（g）T_7=7min　　　　　　　　（h）T_8=8min

（i）T_9=9min　　　　　　　　（j）T_{10}=10min

图5-10　Q=40L/s等量（2kg）型泥沙补给过程单漂石河床形态变化（续）

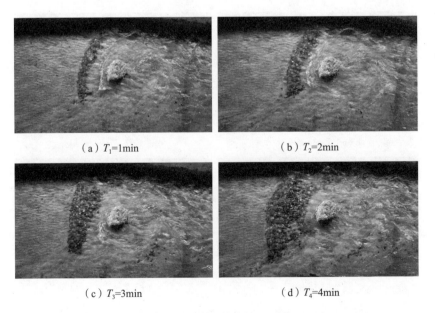

（a）T_1=1min　　　　　　　　（b）T_2=2min

（c）T_3=3min　　　　　　　　（d）T_4=4min

图5-11　Q=40L/s单峰型泥沙补给过程单漂石河床形态变化

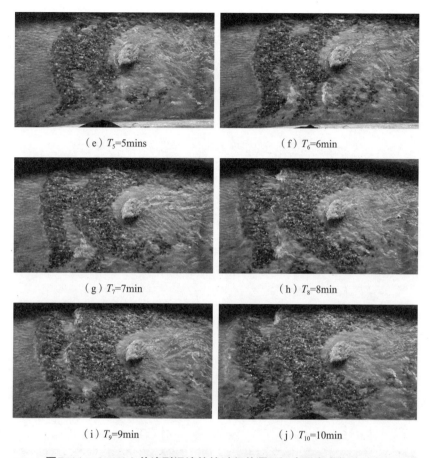

（e）T_5=5mins　　　　　　　　　　（f）T_6=6min

（g）T_7=7min　　　　　　　　　　（h）T_8=8min

（i）T_9=9min　　　　　　　　　　（j）T_{10}=10min

图5-11　Q=40L/s单峰型泥沙补给过程单漂石河床形态变化（续）

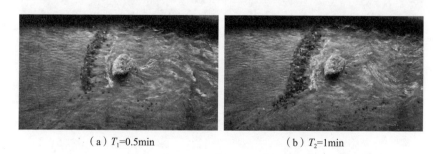

（a）T_1=0.5min　　　　　　　　　　（b）T_2=1min

图5-12　Q=40L/s双峰型泥沙补给过程单漂石河床形态变化

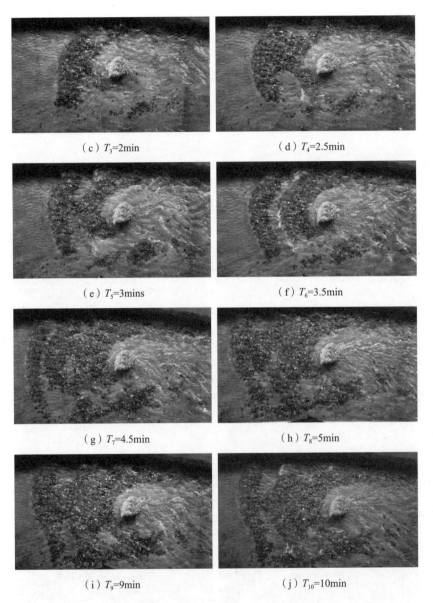

（c）T_3=2min   （d）T_4=2.5min

（e）T_5=3mins   （f）T_6=3.5min

（g）T_7=4.5min   （h）T_8=5min

（i）T_9=9min   （j）T_{10}=10min

图5-12　Q=40L/s双峰型泥沙补给过程单漂石河床形态变化（续）

　　如图 5-13 ～ 5-15 所示，在等量间歇性泥沙补给的试验过程中
观察到双漂石周围的泥沙淤积发展趋势。据试验现象，区别于单漂
石，漂石数量的增加，漂石上游及下游泥沙堆床作用增强，泥沙分
布更为紧密。由于受漂石间距（L）及夹角（θ）影响，漂石周围的
泥沙淤积形态差别明显。当 $\theta=0$ 时，泥沙多在漂石上游及下游淤积，
漂石间则较少有泥沙沉积（见图 5-10）。当 $\theta \neq 0$，泥沙开始在漂石
间淤积，形成类似的浅滩（见图 5-12），且 $\theta > 0$，淤积带偏向左岸
（见图 5-11），$\theta < 0$，淤积带偏向右岸（见图 5-12）。这是由于两块
漂石改变了河道主流的方向，且发生水流折冲，也改变左右岸的水
流流速，使得泥沙淤积左右分布不均匀，泥沙淤积带偏向一侧。

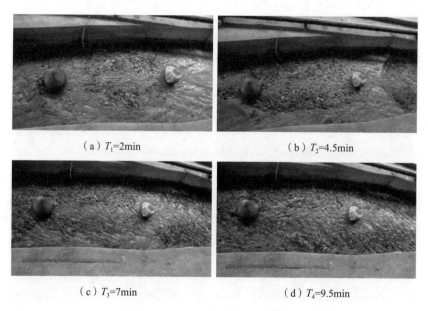

（a）T_1=2min　　　　　　　　　　　　　（b）T_2=4.5min

（c）T_3=7min　　　　　　　　　　　　　（d）T_4=9.5min

图5-13　Q=20L/s等量泥沙补给双漂石河床形态变化（L=1.5m，θ=0 ）

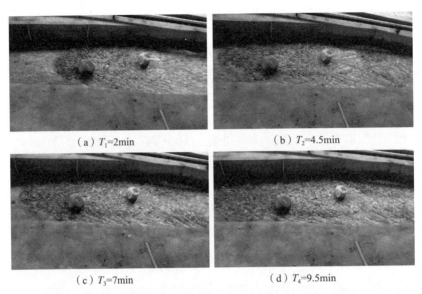

（a）T_1=2min　　　　　　　　　（b）T_2=4.5min

（c）T_3=7min　　　　　　　　　（d）T_4=9.5min

图5-14　Q=20L/s等量泥沙补给双漂石河床形态变化（L=1.0m，arcsin θ=0.86）

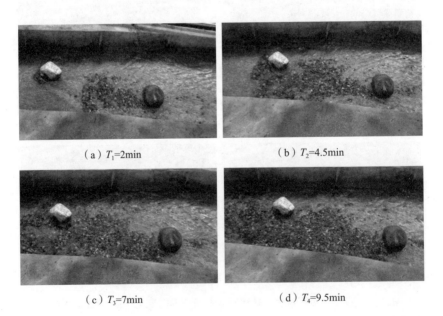

（a）T_1=2min　　　　　　　　　（b）T_2=4.5min

（c）T_3=7min　　　　　　　　　（d）T_4=9.5min

图5-15　Q=20L/s等量泥沙补给双漂石河床形态变化（L=1.0m，arcsin θ=-0.86）

5.3.2　漂石河床淤积断面特征

如图 5-16 所示为非均匀来沙下漂石河床的典型断面高程变化，图 5-17 所示为纵坡面地形高程变化，可以看出，双峰及单峰型泥沙补给条件下，泥沙溯源淤积已至上游 L=11m 的位置，而等量及单峰前置型来沙，泥沙淤积则主要集中在 L=12m 断面。单峰前置型来沙在 L=12m 断面泥沙淤积高度最大，双峰型来沙在 L=11m 断面淤积高度最大。不同的来沙方式下，漂石局部，即 L=12m 断面，淤积形态也不同。双峰型来沙，左右岸的泥沙淤积不对称明显，左岸的淤积高度明显高于右岸。4kg 等量来沙在 L=11m 断面的淤积高度最大，由于水流挟沙能力一定时，等量来沙多的沉积于漂石上游；L=12m 断面中正态单峰型最大，4kg 等量来沙最小。

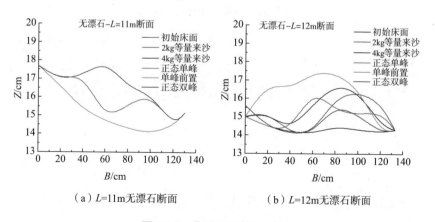

（a）L=11m无漂石断面　　　　　（b）L=12m无漂石断面

图5-16　典型断面高程变化

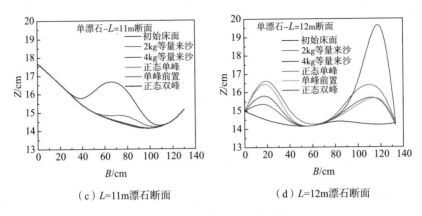

（c）L=11m漂石断面　　　　　　　（d）L=12m漂石断面

图5-16　典型断面高程变化（续）

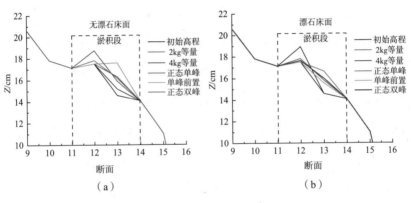

（a）　　　　　　　　　　　　（b）

图5-17　纵坡面地形高程变化

5.4　漂石河床洲滩河段水位变化

如图 5-18 所示为来水来沙条件下无漂石河床与漂石河床的淤积河段的河床高程及水位变化，当上游来沙时，泥沙主要淤积于 $L=11 \sim 13m$，该河段水位明显增加。而漂石淤积河段的水位波动更明显，各个工况下水深变化趋势一致。由试验现象、图 5-19 及图 5-20 典型断面高程水位变化图可知，当上游无来沙时，河床比降陡缓相接处水流产生水跃，由于漂石的壅水作用，水跃位置出现在漂石上游，随流量增大而向下游偏移。小流量条件下，由于水流挟沙动力不足，泥沙的铺床明显，多淤积在漂石上游，使得河床比降平顺衔接，水跃消失，水位增加不明显。大流量条件下，更多泥沙在漂石下游河段落淤，水跃位置后移，且抬升下游河床，水位随之上升。图 5-21 给出了相同来沙量但不同加沙类型下三个典型断面 L=11m、12m 与 13m 的水位变化。在三个断面中，断面 L=12m 水位最大。在来沙总量一定时，在 5 种加沙类型中，L=12m 及 13m 两断面水位无明显差别。但在小流量时，由于水流挟沙弱，大部分泥沙沉积于 L=11m 断面附近，因而受来沙过程影响，上游的 L=11m 断面水位变化较大。

综上所述，漂石显著影响其局部水位的变化，上游来沙易在漂石局部河段落淤，促使河床剧烈调整和抬高，造成漂石河床局部的壅水现象，壅水位明显偏离正常水位，将对当地防洪安全造成巨大的隐患。

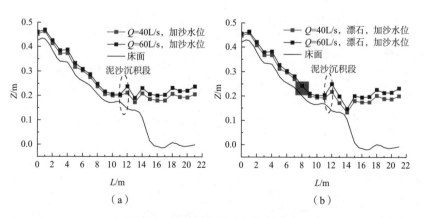

图5-18　泥沙补给时水位沿程变化

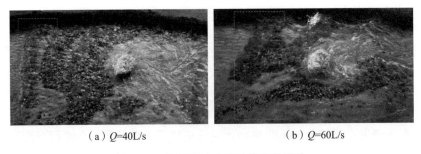

（a）Q=40L/s　　　　　　　　　（b）Q=60L/s

图5-19　漂石河床水跃位置变化照片

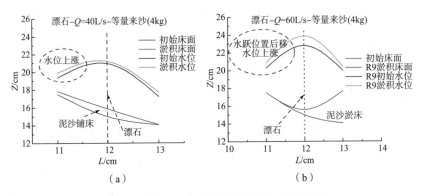

（a）　　　　　　　　　　　　（b）

图5-20　漂石河床典型断面高程与水位变化

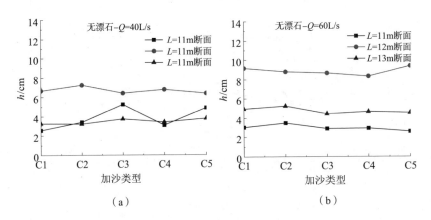

（a）　　　　　　　　　　　　（b）

图5-21　不同加沙类型下漂石河床水位变化

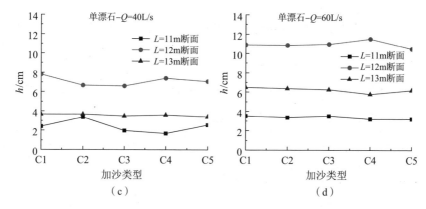

图5-21 不同加沙类型下漂石河床水位变化（续）

5.5 小 结

本章在室内物理模型水槽中完成了系列试验，探讨不同来水来沙条件下漂石河段的泥沙淤积发展规律、河床变形规律以及水位发展规律，揭示了漂石河段洲滩形成机制，主要成果包括：

（1）漂石促使水力要素突变，水面波动急剧，水深流速及水流流态急剧变化。小流量时，漂石作用范围有限，水位增加不明显，而漂石的壅水作用及强尾流作用使得漂石周围的河床剧烈调整；大流量时，壅水现象明显，易造成局部河段水位陡增。

（2）漂石通过改变漂石局部的水流条件从而影响河床的泥沙输移过程。上游泥沙补给时，受漂石周围水流变化影响，上游来沙以横向带状溯源淤积为主，而下游则两侧淤积突出，极易形成漂石洲滩。另外，漂石数量的增加，可使泥沙堆床作用增强，泥沙分布更为紧密，两块漂石的间距及夹角可显著影响漂石间的泥沙淤积位置与形态。

（3）上游泥沙补给的不均匀性影响着漂石河床的床面形态变化过程。在同一来沙量下，泥沙淤积形态发展类似，但相同时刻淤积带规模差别较大，并且上游泥沙补给的不均匀性对漂石上游的水位影响较大，随着流量增大，这种差别将减小。

第 6 章

漂石河段洲滩水沙运动研究

　　漂石河道中形成的大量漂石洲滩结构，将主河分成几股汊道，河段主流摆动频繁，滩槽不稳，河床演变较为剧烈。并且山区河流年内流量分布不均，河道曲折多变，漂石洲滩裸露，大量植被生长。与无植被河道相比，植被通过其发达的根系固结洲滩沙石（Tal et al.，2007），增加洲滩的稳定性，促使水流结构和泥沙输移特性发生显著变化，影响洲滩河段河床演变及行洪能力。植被与洲滩发育相互联系、相互作用，是研究山区漂石河段内部的水沙运动及河床冲淤变形时极为重要的影响因素。为此，本章对漂石洲滩进行概化，开展系列试验研究在泥沙补给条件下含植被洲滩河段的水沙运动特性与河床变形特点，为山区漂石河段山洪灾害防治及生态保护提供参考。

6.1　植被洲滩模型试验

　　为了探讨水沙条件下植被洲滩河段的水沙运动规律，以白沙河的地形数据为依据，于四川大学水力学与山区河流开发保护国家重点实验室进行模型试验，按照重力相似准则修建几何比例尺为 1∶20 的物理模型（见图 6-1），模型总长度为 25m，总宽度为 10m。河段长度为 24m，河宽在 2.35～7.55m 之间，河段断面范围为 CS1～CS14，两横断面间距为 1m，在 CS10～CS12 断面之间布置概化的漂石洲滩，河道河床平均比降 S_0=0.87%。床沙沿程细化，CS4～CS6 断面间布置颗粒较粗、粒径约为 20mm 的天然卵石（d_{50}=7.5mm，

σ_g=2.79），CS7 ～ CS9 断面间布置粒径范围为 0 ～ 2cm（d_{50}=2.9mm，σ_g=3.58）的非均匀沙，CS10 ～ CS12 断面间布置粒径范围为 0 ～ 1cm（d_{50}=2mm，σ_g=2.36）的非均匀沙，CS13 ～ CS1 断面间布置粒径范围为 0 ～ 1cm（d_{50}=1.45mm，σ_g=2.74）的非均匀沙。在河道上游 CS1 ～ CS4 河段之间为水流进口，水流不稳定，无植被生长，而 CS4 ～ CS14 河段两岸边滩及主槽生长着大量的植物，其为微弯河段，受河型、植被影响，水流特征及河床形态变化复杂，且故选取的河道试验测量段为断面 CS4 ～ CS14 之间的河段。

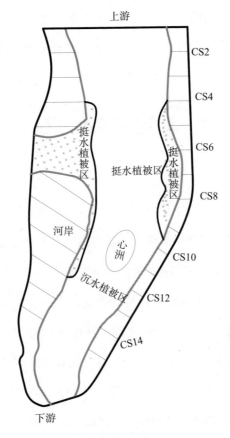

图6-1　模型河段示意图

6.1.1　模型植被特征

历经半年在河道主槽的洲滩上自然生长了多种植物，形成植被带（见图 6-2）。主槽附近的滩地植物大多为低矮草本，岸边附近的滩地大多为高大草本或灌木。其中，低矮草本主要包括狗尾草、马唐等，小飞蓬为主的高大草丛，零散分布的灌木，如构树。这些植物广泛生长在田边、路旁、沟边、河滩、山坡等各类草本群落中。其中草本植物（狗尾草，马唐，小飞蓬）在水淹后除根系外地表部分将逐渐枯萎、腐烂，最后脱落，但其根系发达，蔓延力强，耐干旱贫瘠，且能承受泥沙淤积、过湿和积水的环境，适应性强，极易重新生长，有防沙固堤的功能。

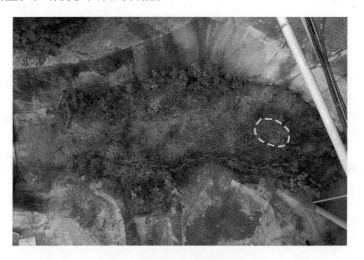

图6-2　模型河段植物分布照片

植物的刚度，即抗弯曲的程度，取决于植被的柔韧度和密度（Li and Shen，1973；Lopez et al.，1995）。由于试验水流及植被条件限制，小飞蓬等高大草丛和构树全处于非淹没状态，并且植被随水流摆动幅度很小，为刚性植被；狗尾草及马唐在小流量低速水流中发生部分倒伏，大流量下植被全部倒伏，植被茎叶随水流摆动，为柔性植被。试验开始前，调查植被具体参数，高大草本植被株高为0.7～1.4m，株径为4～8mm，主要分布于两岸边滩；主槽处多为低矮草丛，平均株高和株径分别为60cm和4mm，位于CS5和CS6断面之间、CS7和CS9断面之间两岸边滩、心洲处；其中CS5和CS6断面之间覆盖面积为1.5m²，CS7和CS9断面之间覆盖面积为4.86m²，两岸边滩的植被带覆盖面积分别为3.91m²和2.8m²。心洲及洲后的植被带覆盖面积分别为1.8m²和1.35m²。植被详细参数如表6-1所示。

表6-1　植被参数汇总表

植被参数	H_v/m	D_v/mm	S_v/m²	N/（株·m⁻²）	S_v/S	主要分布	断面
灌木	1.3	5	—	0.49	—	两岸边滩	CS2～CS6
高大草丛	1	4	6.71	—	0.137	两岸边滩	CS2～CS10
低矮草本	0.6	—	9.51	—	0.194	主槽心洲	CS2～CS13

注：H_v—植被平均高度；D_v—植被平均株径；S_v—植被覆盖面积；N—单位面积植被个数；S—河床面积；S_v/S—植被相对覆盖度。

6.1.2　试验工况设计

为了研究植被、泥沙及岸石、植被根茬对水流运动的影响作用，试验总共分为清水冲刷和泥沙补给两种情况，共计 16 组工况（见表 6-2）。试验分别设置 50L/s、80L/s、110L/s、150 L/s 四组流量，每组试验的初始河床地形采用上一组冲刷后的地形。工况 R1～R4 设置为植被清水冲刷试验，流量分别为 50L/s、80L/s、110L/s、150 L/s；为比较上游挟带沉积于主槽右岸时，CS6～CS9 之间的岸石堆对水流特征的影响，工况 R5～R8 设置为植被与岸石试验组。为了对比泥沙补给对水沙运动及洲滩发育的影响，工况 R9～R11 设置为上游泥沙补给组；为讨论主槽植被被剪除茎干叶，只留根茬，对水沙运动的影响，R12～R14 设置为主槽根茬试验组；为进一步讨论心洲植被剪除茎干叶，只留根茬对心洲发育的影响，R15～R16 设置为根茬试验组。

试验按照流量依次增大的顺序进行，冲刷时间为 2h，此时泥沙颗粒基本不再输移，河床形态也不再发生变化，可以认为稳定的河床结构基本形成，利用水准仪测量河道各个断面的水位，用三维声学多普勒流速仪（ADV）测量两种不同植被（灌木和杂草）周围以及各个断面深泓线处的瞬时流速值。在加沙试验中，根据所参考的天然河道内床沙粒径特征及含沙量特征，所选用的天然砂粒径范

围为 0 ~ 2mm（d_{50}=0.7mm），加沙速率为 3.7kg/min，加沙时间为
52min，总量为 192kg，待加沙结束后，保持相同流量继续清水冲刷
2h，待河床达到冲淤稳定后，采用同样的测量方法对各个断面的水
位、植物周围和深泓线处的瞬时流速、地形特征等进行测量。测量
结束后，关闭供水系统，待床面干涸以后，测量河道各个断面的地
形变化情况。

表6-2　试验工况

类型	工况	$Q/(\text{L·s}^{-1})$	$Q_s(\text{kg·min}^{-1})$	备　注
初始植被	R1	50	—	植被茎干叶完好，清水冲刷考虑全植的影响
	R2	80	—	
	R3	110	—	
	R4	150	—	
岸石	R5	50	—	在上组试验后，右岸布置岸石，清水冲刷，考虑植被与岸石的影响
	R6	80	—	
	R7	110	—	
	R8	150	—	
加沙	R9	80	3.7	在上组植被与岸石试验后加沙，考虑加沙的影响
	R10	110	3.7	
	R11	150	3.7	
根茬（主槽）	R12	80	—	上组植被、岸石与加沙试验后，将主槽植被茎干叶剪除，只留根茬，清水冲刷，考虑主槽根茬的影响
	R13	110	—	
	R14	150	—	
根茬（心洲）	R15	80	—	在上组试验后将心洲植被茎干叶剪除，只留根茬，清水冲刷，考虑心洲根茬影响
	R16	150	—	

注：Q—流量；Q_s—泥沙补给速率。

6.2　洲滩河段植被局部区域特征

从图 6-3 及图 6-4 R1 ～ R4 初始植被组中，可以看出在水流冲击作用下，由于灌木自身的株高及株径较大，且本身主干部分韧性强，两边滩的灌木能够基本保持挺立的状态，并且低矮草本株高相对较低，株径较小，整体偏柔性，抗剪切能力弱，流量从 80L/s、110L/s 到 150L/s，低矮草本产生不同程度的倒伏，甚至完全淹没。右汊植被的倒伏程度要大于左汊，这是由于右汊为主汊，左汊为支汊，右汊的水流对于植被的冲击强度要大于左汊。其中，CS6 测点位置位于一株杂草下游，从 CS6 断面可以看出植被对于垂线流速分布的影响（其中，Z 代表无量纲高度，y/h、u_d 采用各工况 CS14 断面的深泓线垂线平均流速进行无量纲化）。初始植被工况（R2 ～ R4）中，植被淹没状态从半淹没到全淹没，其垂线流速分布，从直线型分布逐步过渡到 S 形分布，说明随着流量增加，植被倒伏程度增加，植被茎叶对水流的扰动强度增加。从初始植被到岸石、泥沙补给到根茬工况，垂线流速从 S 形分布逐步过渡至 J 形或者直线型分布，根茬工况呈现传统的对数或者指数分布。这是由于上游泥沙补给与植被失去茎干叶部分，植被对水流结构影响减小；植被的茎叶部分随水流而上下左右摆动从而影响河道水流结构。从图 6-5 CS6 断面横向 v 及纵向 w 流速分布可以看出，河床的横向 v 及纵向 w 流速，尤其是近底流速（$y/h < 0.2$）受杂草的茎叶摆动的扰动及上游泥沙补给影响较大。植被的茎叶部分会减小近底水流的流速，上游泥沙补给则减小横向流速，加大纵向流速，这是由于泥沙在植被附近淤积，部分植被被泥沙掩盖，减小了植被的摆动，而泥沙淤积河床增加，水位尚未调整抬高，因而纵向 w 流速变大。

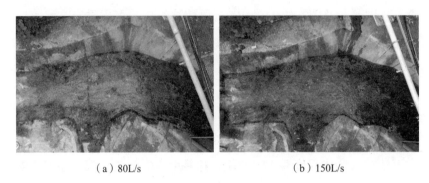

（a）80L/s （b）150L/s

图6-3　模型河道植被倒伏俯视图

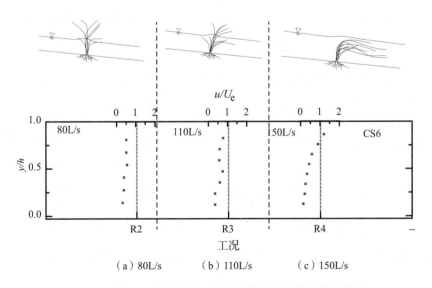

（a）80L/s （b）110L/s （c）150L/s

图6-4　断面CS6植被局部主流垂线流速及植被倒伏示意图

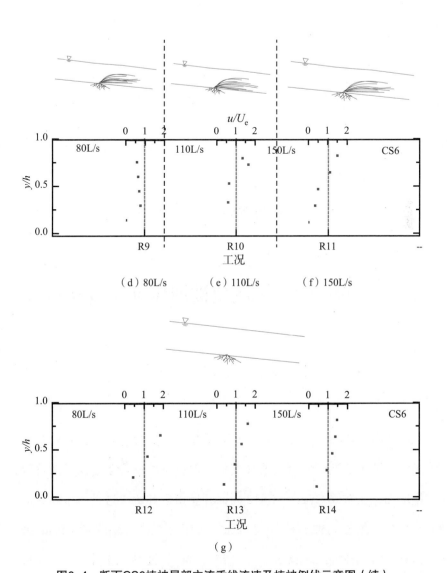

（d）80L/s   （e）110L/s   （f）150L/s

（g）

图6-4   断面CS6植被局部主流垂线流速及植被倒伏示意图（续）

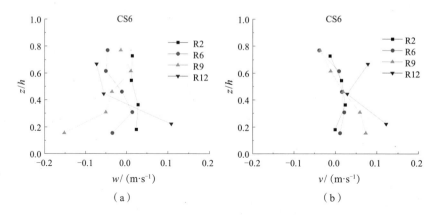

图6-5　断面CS6植被局部主流垂线流速分布

6.3　水沙条件下洲滩植被河床冲淤变化特征

6.3.1　植被洲滩发育过程

如图6-6洲滩照片及6-7洲滩发育示意图所示，在初始植被工况中，总体上洲滩发育无明显变化，但右汊冲刷强于左汊，随着流量增加，在右汊CS11～CS12断面开始出现冲坑，这是由于随着流量增加，植被弯曲倒伏程度增加，河床糙率将大幅降低（Palmer，1945；Fathi-Maghadam et al.，1997），河床更易被冲刷。小流量（80L/s）与上游泥沙补给时，植被拖曳力和水流动力不足，上游泥沙大多落淤在洲头或洲尾的近尾流区淤积带。当来流增大时，泥沙输移强度增加，心洲附近的泥沙淤积量减小，更多的泥沙被输运至洲尾。从根茎工况可以看出，水流条件和植物的柔韧度决定了植被水流阻力（Velasco et al.，2003；Carollo et al.，2005），河槽失去植被茎叶对水流的扰动后，植被阻力减小，河流水流动力迅速增加，对上游河床的冲刷剧烈，植被部分根系裸露。当流量增加时，洲头在水流的顶冲作用下，不断地刷坍后退，右汊水流不断淘刷洲滩基脚，洲头及洲滩右侧基脚处的植被根部裸露，植被根系保护并减少水流对心洲的侵蚀。洲尾部新发育洲滩高程下降，且向下游延伸，大流量工况下水流冲散洲尾部新发育洲滩的泥沙，切割新增洲滩（Wintenberger et al.，2015）。

综上所述，植被可以降低水流速度，增加心洲的泥沙淤积量，促进江心洲的发育（Elliott et al.，2000）。

（a）初始植被工况R1　　　　　　　　　（b）初始植被工况R4

（c）岸石植被工况R8　　　　　　　　　（d）加沙R9

图6-6　模型河床冲刷及洲滩发育照片

（e）主槽根荏叶R14　　　　　　　　（f）心洲根荏R16

图6-6　模型河床冲刷及洲滩发育照片（续）

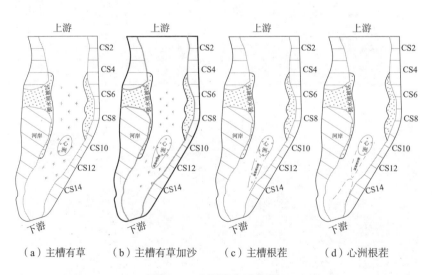

（a）主槽有草　　（b）主槽有草加沙　　（c）主槽根荏　　（d）心洲根荏

图6-7　心洲发育示意图

6.3.2　河床冲淤变形及水位变化

如图 6-8 及 6-9 不同工况下植被洲滩河段沿程水位及床面高程变化所示，水位总体上随着流量的增大而增大，其中，初始植被组的水位是最大的，由于植被的固床作用，水位壅高，随着流量加大及冲刷的进行，植被倒伏及部分植被茎叶被冲刷凋落，其阻水作用降低。由于主槽一侧的岸石只占据主槽右岸 CS6 ～ CS9 之间，受限于岸石规模，对于河道沿程的水位影响较小，水位受河床高程主槽一侧岸石水位影响不大。泥沙补给工况下，由于泥沙淤槽铺床作用明显，河床高程增加，水位增加，也加剧了支汊（左汊）的萎缩，因为左汊河床高程增加，水位变化不显，左汊的过流能力减弱。从植被根茬试验组水位变化可以看出，植被的茎叶部分对于小流量的河道水位作用明显，但在大流量下，河道水深增加，植被茎叶部分对水流的相对影响范围减小，因而河道水位变化不大。

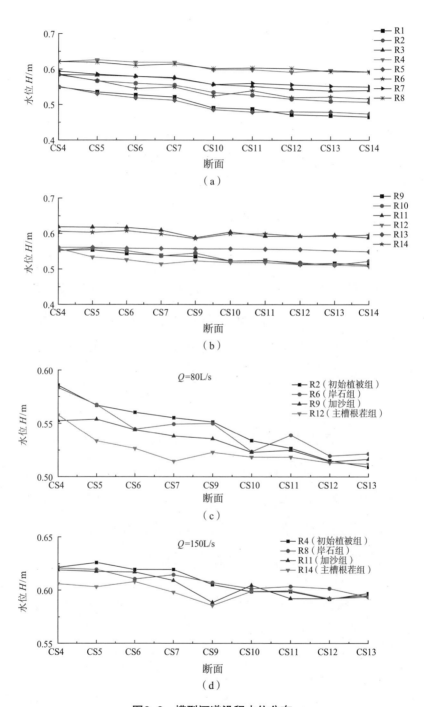

图6-8 模型河道沿程水位分布

　　图 6-9 给出了不同工况下植被洲滩河段沿程床面高程变化。初始植被工况下河床总体上下切不明显，且右汊冲刷强于左汊，在右汊 CS9～CS10 断面开始出现冲坑，冲坑深度及范围随着流量及冲刷时间的增大而增大。由于靠近岸石堆的 CS8 断面以下的右汊河道的水流影响较大，右汊河床局部冲刷加剧。在小流量（80L/s）时，上游泥沙在心洲洲头及洲尾汇流区不断地沉积，右汊冲坑逐渐淤平，洲尾向下游延伸。当来流增大时，泥沙输移强度增加，泥沙的淤槽铺床作用减弱，心洲附近的泥沙淤积量减小，左汊河床冲刷下切，左汊的过流能力恢复。可以看出小流量来沙对于心洲发育及支汊河道萎缩作用显著。当植被失去茎叶部分时，主槽水流动力迅速增加，河床的冲刷剧烈，洲尾部新发育洲滩高程下降，向下游延伸，随着流量增加，水流挟带泥沙冲向下游，右汊冲坑重新开始出现，洲尾部新发育洲滩被冲散或切割，心洲停止向下游发育，甚至萎缩。

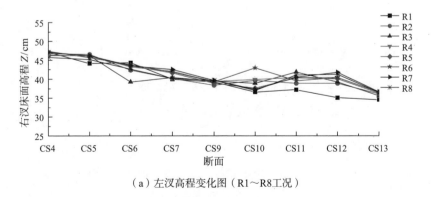

（a）左汊高程变化图（R1～R8工况）

图6-9　模型河道河床高程分布

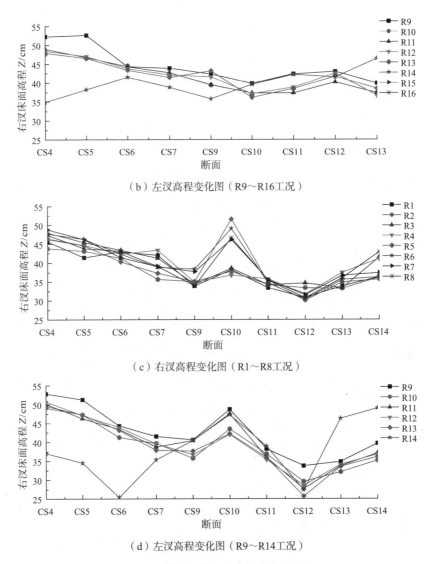

（b）左汊高程变化图（R9～R16工况）

（c）右汊高程变化图（R1～R8工况）

（d）左汊高程变化图（R9～R14工况）

图6-9 模型河道河床高程分布（续）

为更进一步分析河床冲淤变形，通过右汊的床面切应力变化（见图6-10），可以看出在CS11～CS12断面受的切应力要大于其他断面，右汊为主汊，其所受的切应力要大于洲上游与左汊，当水流对右汊床面的切应力大于植被抗剪切的临界值时，汊道的植被开始被水流冲击剪切，失去其茎叶部分，泥沙起动，流向下游，部分植被根系开始裸露，因而在右汊 CS11～CS12 断面处出现冲坑。

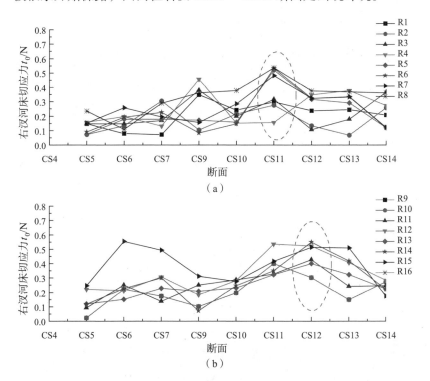

图6-10　模型河道右汊河床切应力分布

为了更加明显地给出河床高程变化的变幅，此处用 ΔZ 及 δ_z 来反映河床高程的相对变化率，定义为

$$\Delta Z = Z_i - Z_{i-1} \tag{6-1}$$

$$\delta_z = \frac{\Delta Z}{Z_{i-1}} \tag{6-2}$$

公式（6-1）和（6-2）中：$i=1～16$。

其中，δ_z 表示床面高程的相对变化率，Z_0 表示初始床面高度，Z_i 表示第 i 组工况的床面高度。图 6-11 所示为在各工况下的右汊床面高程相对变化高度，在R9工况下产生最大的淤积高度，且CS5、CS9及CS12右汊河床高程相对于上一工况最大淤积高度分别为3cm、6.6cm、7.5cm，增大幅度达9.8%、19.4%和19.7%。而河床受冲刷下切明显，CS5与CS9均在R10工况下达到产生最大的下切深度4.1cm与4.8cm，减小幅度分别高达12.1%和12.8%；CS12右汊河床高程则在R14工况下达到最大的下切深度，为12.8cm，减小幅度分别高达27.1%。

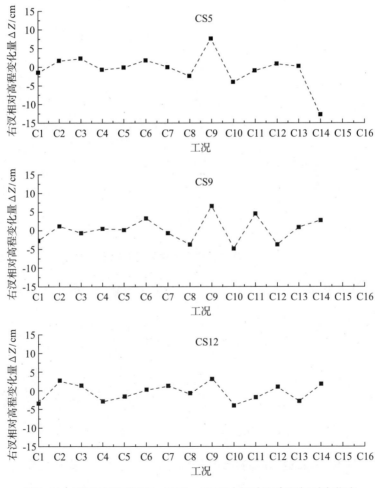

图6-11 不同工况下CS5、CS9、CS12右汊床面高程相对变化率

6.3.3　典型断面形态及水流结构特征

图 6-12 绘制了流量为 80L/s 的初始植被、岸石、加沙、根茬四组（R2、R8、R11、R14）工况下河道进口（CS5）、洲头（CS9）及洲尾（CS13）三个典型位置深泓线处的垂线流速分布及高程变化的情况（其中，y/h 代表无量纲高度，u_d 采用 R1 工况 CS14 断面的深泓线垂线平均流速进行无量纲化）。如图 6-13 所示，进口段较顺直，植被密度较小，主槽河床高低起伏，泥沙在植株区域形成小沙丘，在无植被区域，泥沙淤积较少，其流速分布比较符合对数分布，CS5 垂线流速分布大多比较符合传统的指数或对数分布，加沙工况（R12）下进口段泥沙淤积很少，河床粗化，大量植被茎叶部分被冲刷凋落，植被对汊道水流结构的影响很小，u/u_d 为线性分布。在 CS9 洲头断面，受滩地植被和心洲的影响较大，右汊流速略大于左汊流速，右汊冲刷，CS9 右侧断面高程低于左侧，易形成冲坑；心洲束窄河道，汊道流速增加，植被茎叶部分在累积试验过程冲刷凋落，极大地减小植被对汊道水流结构的影响，其垂线流速接近对数分布。洲尾 CS13 断面河床高程变化不大，洲尾流速较小，大量泥沙在洲尾淤积，上游来沙（R9）其高程最大，水深较浅，其流速分布接近为线性分布。

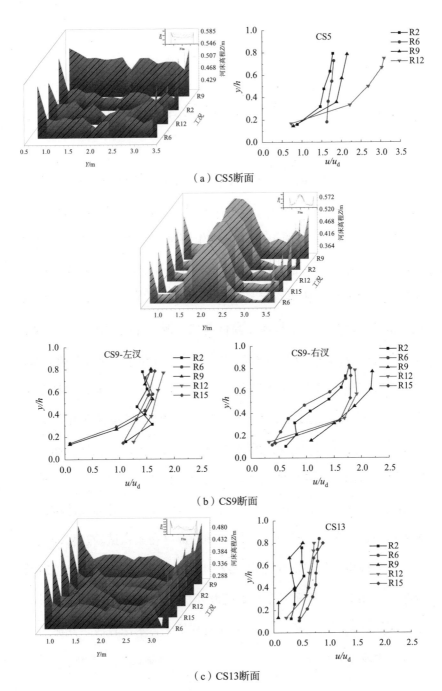

（a）CS5断面

（b）CS9断面

（c）CS13断面

图6-12 来流80 L/s条件下断面地形及断面深泓线垂线流速

如图 6-13 主槽平均流速所示，植被及泥沙补给对河段断面平均流速影响显著。在相同流量（80L/s）下，在根茬工况（R12～R14）洲前段 CS7 断面的平均流速最大，最小值出现在初始植被工况 R2～R4；洲中 CS10 断面右汊加沙工况下的平均流速明显大于其他工况；主槽根茬工况下的左汊平均流速最大；洲尾 CS13 断面加沙工况平均流速相对其他工况减小。这表明植被及泥沙补给能有效减小河道的平均流速，促进洲滩发育，加速支汊消亡。

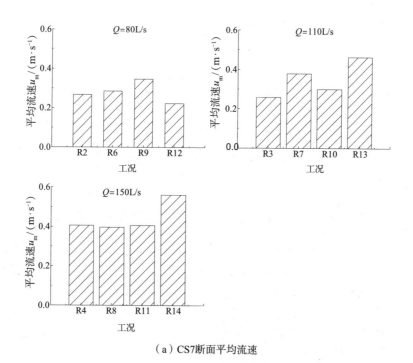

（a）CS7 断面平均流速

图6-13　各工况各断面平均流速

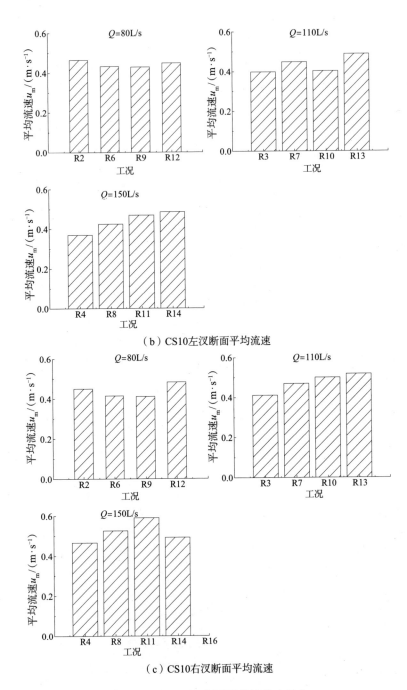

（b）CS10左汊断面平均流速

（c）CS10右汊断面平均流速

图6-13　各工况各断面平均流速（续）

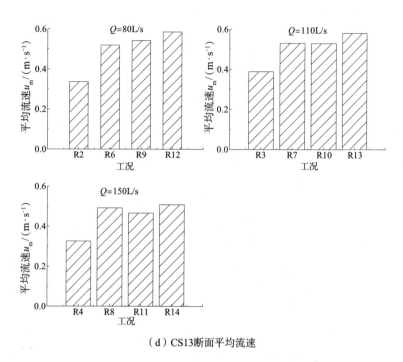

（d）CS13断面平均流速

图6-13 各工况各断面平均流速（续）

6.4 洲滩汊道分流计算

随着来水来沙及植被季节性变化引起洲滩河段发生明显的冲淤变形及水位升降，洲滩河段冲淤变形，各汊道的分流分沙随之改变，又作用于洲滩河段的演变。来水来沙及植被的差异性促使河床冲淤变形及洲滩发育，也使得洲滩河道分水分沙问题更加复杂。韩其为等（1992）提出了在分汊前干流断面上引水面形态的概念（见图6-14），根据流速垂线分布，求出分流比。

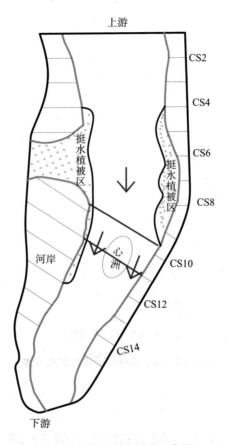

图6-14 分汊河道平面示意图

支汊分流比公式为

$$\eta_L = \frac{h_L}{h_0} \tag{6-3}$$

式中：h_L，h_0为左汊、干流的平均水深，其左汊分流比公式为

$$\eta_{QL} = \frac{1}{2}\eta_L^2 \frac{\displaystyle\int_{1-\eta_L}^{1}\left(\frac{u}{u_m}\right)\mathrm{d}\left(\frac{y}{h_0}\right)}{\displaystyle\int_{0}^{1}\left(\frac{u}{u_m}\right)\mathrm{d}\left(\frac{y}{h_0}\right)} \tag{6-4}$$

干流垂线流速分布为

$$u = u_{\mathrm{m}} f_1\left(\frac{Z}{h_0}, \frac{\Delta}{h}\right) \tag{6-5}$$

由此即可求出分流比。此处 u_{m} 为垂线平均流速，Z 为从床面起算的纵向坐标，Δ 为粗糙表面突出高度。

垂线平均流速 u_{m} 通过垂线上各点流速沿水深方向进行积分，计算公式为

$$u_{\mathrm{m}} = \frac{1}{h}\int_0^h u\mathrm{d}y \tag{6-6}$$

采用 ADV 测量流速，以概化梯形方法近似求解，即

$$u_{\mathrm{m}} = \int_0^h u\mathrm{d}z = \sum_{K=0}^{N-1}\frac{f}{2}[u(x_k)+u(x_{k+1})] = \frac{f}{2}[u(0)+u(H)+2\sum_{K=0}^{N-1}u(x_k)]$$

$$\tag{6-7}$$

式中：N 为区间 $[0, h]$ 所分等分数；f 为步长。

为了更加明显地给出分流比的变幅，此处用及来反映分流比的增幅，定义为

$$\Delta\eta = \eta_i - \eta_{i-1} \tag{6-8}$$

$$\delta_\eta = \frac{\Delta\eta}{\eta_{i-1}} \times 100\% \tag{6-9}$$

公式（6-8）和（6-9）中：$i=1\sim16$。

其中，δ_η 为左汊分流比的相对变化率，η_i 为第 i 组工况的左汊分流比。

本节将 CS9 断面作为干流断面，CS10 左右汊设为 1—1 及 2—2 断面，上述公式计算结果见表 6-3。支汊的分流比受到上游来流、植被、岸石及上游泥沙补给条件变化的影响，R1 ～ R4 初始植被组分

流比（平均值 0.33）小于岸石组（平均值 0.45）、加沙组（平均值
0.33）及根茬组（平均值 0.46）。由于岸石、加沙及根茬的影响，左
汊分流比的平均增幅分别达到 19.6%、-19.7% 及 26.4%。这可能是
由于：水流流经右汊一侧的岸石，发生折冲（见图 6-15），且失去
植被茎叶部分对左汊水槽的阻水作用，更多水流进入左汊。说明植
被及泥沙补给通过改变河床冲淤变化，减少支汊的过流能力，加速
了支汊的消亡，而通过在主汊一侧设置岸石，可增加支汊的过流量，
防止支汊消亡。

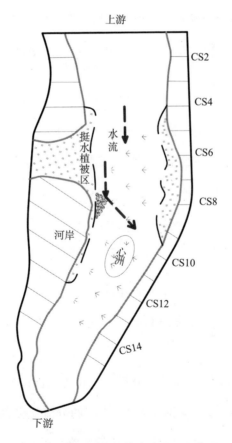

图6-15 岸石对水流的折冲作用示意图

表6-3　左汊分流比

工况	床面类型	$Q/(\text{L} \cdot \text{s}^{-1})$	冲刷类型	左汊分流比	平均值	平均增幅 δ_η
R2		80		0.33		
R3	初始植被组	110	清水	0.38	0.33	−1.96%
R4		150		0.30		
R6		80		0.39		
R7	岸石组	110	清水	0.45	0.45	19.6%
R8		150		0.51		
R9		80		0.36		
R10	加沙组	110	加沙	0.37	0.33	−19.7%
R11		150		0.25		
R12		80		0.44		
R13	根茬组	110	清水	0.49	0.46	26.4%
R14		150		0.45		

6.5　小　结

本章考虑天然植被、岸石及泥沙补给多重耦合条件对洲滩分流河段水沙运动及河道洲滩变形的影响，通过系列室内试验补充探讨了植被及泥沙补给条件下分流河段洲滩周围及主河槽的水流特征、洲滩形态调整等，从而揭示了植被泥沙补给条件下的河道洲滩演变规律。主要成果有：

（1）植被通过其茎叶部分影响洲滩河道水流结构，对水流流速及紊动强度影响较大。植被及泥沙补给促使主槽内的垂线流速分布从传统型转变为 S 形、J 形或者直线型，垂线流速不再符合指数或者对数分布。

（2）植被对洲滩河段具有明显的稳固河床作用，当上游来沙时，泥沙呈波状输移，植被周围形成小型沙丘，主槽高程沿程高低不平，而且植被茎叶的阻水作用明显，造成主槽水位增加，加大了分流河流山洪灾害发生的可能性。

（3）上游泥沙补给与植被茎叶促使泥沙落淤在洲头及洲尾，加速洲滩发育，泥沙补给及植被根茎对左汊分流比的平均变幅分别达到 -19.7% 及 26.4%，植被及泥沙显著减小了支汊的过流能力，加速了支汊的淤积与消亡。此外，通过在河段主槽一侧设置岸石，形成水流折冲，增加了 19.6% 的支汊过流量，明显加大了支汊的分流比，改善了支汊河道淤堵。

第 7 章

结论与展望

7.1　主要结论

由于暴雨、滑坡、泥沙流等自然灾害引起大量漂石汇入河道，使得山区河流水流结构、河床形态及其生态环境急剧变化，而漂石河段水流结构与河床冲淤是互相联系与互相作用的，因此本书基于对岷江上游白沙河与龙溪河漂石河段的野外调查，设计并完成多个系列室内试验，并结合理论分析的方法，研究了不同水沙条件下漂石河段水沙运动及河床冲淤响应，揭示了漂石河床局部区域的洲滩发育过程，并进一步研究了漂石作用下的植被洲滩的水沙运动特征，主要成果如下：

（1）暴雨山洪极易形成漂石河段，从而快速改变河床局部形态特征。暴雨山洪产生丰富漂石补给，导致白沙河与龙溪河的漂石粗颗粒平均粒径粗大，漂石占比超过 10%，形成漂石河段。漂石具有孤立型、阶梯型、交错型等单个或群体等分布形式，水流冲刷及泥沙补给下，漂石河床极易发育大量洲滩，其发育阶段分为漂石上游冲坑发育阶段、漂石冲坑及下游淤积阶段、洲滩形成阶段及洲滩植被生长阶段。漂石或漂石洲滩的形成显著增大了局部河床比降，从而制约河流形态发育，其规模与漂石大小及洲滩颗粒粒径相关。

（2）漂石能够显著调整局部水流结构。水流在漂石上游形成壅水区，其两侧形成挤压加速区，下游形成近尾流区及远尾流区。其中，单漂石与漂石阵列的近尾流区位于漂石下游 $2D$（D 为漂石粒径）的范围。在近尾流区存在近底逆流，并且区域内紊动能、紊动强度及耗散率均出现激增。相较于平整床面，漂石河床的紊动能及紊动强度极值点从床面偏离至漂石顶部水深位置处，能量方程中各项也偏离标准边界层分布，且雷诺应力在漂石顶部出现方向逆转及极值点，而床面切应力则在近尾流区 $1.5D \sim 2D$ 处出现激增。此外，在漂石近尾流区，漂石阵列间距、床沙粒径、河床的透水性等条件可显著影响漂石区域的水流结构，漂石阵列可有效降低漂石河床的床面切应力，从而减少漂石河床的泥沙输移。

（3）漂石结构能够调整河床局部冲淤过程及洲滩发育。漂石河段局部冲刷引发冲坑发育，漂石前形成的下潜水流及马蹄形涡旋是引发漂石上游冲坑发育的主因，而冲坑发育引起漂石失稳下陷，使得漂石下陷深度及溯源移动距离呈台阶状增加。漂石移动与漂石大小及水流强度相关，本书构建了漂石下陷深度与漂石大小、水流强度的对数函数关系式 $e_m/D = f(u_0/u_c) f(d_{50}/D)$，可用于漂石最大下陷深度的预测分析。上游泥沙补给时，受漂石周围水流变化影响，上游来沙以横向带状溯源淤积为主，而下游则两侧淤积突出，极易形成漂石洲滩。此外，上游来沙过程和漂石数量及分布形态制约了漂石区的河床淤积发育形态。漂石数量增加，泥沙堆床作用增强，泥沙分布更为紧密，且改变了漂石的间距与夹角，显著影响漂石间的泥沙淤积形态，而上游泥补给的不均匀性改变了泥沙淤积规模及局部水位。

（4）植被及泥沙补给能够加速洲滩发育及减小支汊过流能力。植被通过其茎叶部分改变洲滩河道水流结构。植被及泥沙补给促使主槽内的垂线流速分布从传统型转变为 S 形、J 形或者直线型，垂线流速不再符合指数或者对数分布。上游泥沙补给与植被茎叶的阻水作用明显，泥沙在植被洲滩河道中呈波状输移，植被周围形成小型沙丘，泥沙多落淤在洲头及洲尾，促使洲滩快速发育。泥沙补给及无植被茎叶对左汊分流比的平均变幅分别达到 −19.7% 及 26.4%，植被及泥沙显著减小了支汊的过流能力，加速了支汊的淤积与消亡。此外，通过在河段主槽一侧设置岸石，形成水流折冲，增加了19.6% 的支汊过流量，明显加大了支汊的分流比，改善了支汊河道淤堵。

7.2　主要创新点

（1）本书揭示了漂石可急剧调整水流结构。漂石促使水流分区，形成壅水区、挤压加速区、近尾流区及远尾流区。而单漂石与漂石阵列的近尾流区位于漂石下游 $x < 2D$（D 为漂石粒径）的范围，区域内的近底逆流，使紊动能、紊动强度及耗散率在邻近漂石下边缘位置激增，而漂石能显著减小床面切应力，漂石河床床面切应力空间分布不均匀，在漂石下游 $x=1.5D \sim 2D$ 出现激增。

（2）漂石前冲坑发育引起漂石失稳移动过程中，漂石位移与漂石大小、水深及水流强度相关，本书构建了漂石下陷深度与漂石大小及水流强度的对数函数关系，并可通过公式关系式 $e_m/D=f(u_0/u_c)$ $f(d_{50}/D)$ 对漂石的最大下陷深度进行预测。

（3）本书阐明了漂石调整河床局部冲淤变形及洲滩发育的机制。水流冲刷漂石局部河床，在漂石上游作用区形成冲坑，下游近尾流区形成淤积带，当上游泥沙补给时，泥沙在漂石上游以先多横条带状后联结成片状的形式，溯源淤积；随后在漂石下游及两侧淤积，极易形成漂石洲滩，其淤积形态受到漂石数量、分布的影响，并且植被及泥沙补给促使洲滩快速发育，减小了支汊分流比。

7.3 研究展望

本书基于对白沙河与龙溪河漂石河段的观测和床沙粒径测量，开展了系列室内试验，对漂石河床水流结构变化、河床冲淤变形及漂石洲滩发育过程有了进一步认识。但本研究过程中还存在不足，有待下一步研究，主要如下：

（1）对漂石河床局部冲淤变形的研究，仅考虑了单漂石作用下的河床变形及水流结构变化，并未考虑漂石阵列分布引起动床条件下水流结构及泥沙运动变化，对漂石阵列河床的水沙运动方面研究仍显不足，有待进一步研究。

（2）本书建立的漂石最大下陷深度预测函数公式，需要考虑漂石阵列及非均匀沙的影响。漂石分布的多样性与水沙运动是相互影响、相互制约的，因而必然影响着漂石的移动过程。并且本研究中采用的为均匀沙，缺乏对于非均匀沙对漂石移动过程影响的研究。因此，对于漂石移动机理还应通过漂石阵列分布与床沙组成等因素进行进一步的研究。

（3）漂石洲滩形成试验中因试验条件和数据质量的限制，仅分析了加沙完成后的水位及流速变化，未能对漂石洲滩形成过程中的水位及流速进行分析。并且漂石洲滩形成试验是基于定床进行的，尚未涉及动床条件下的漂石洲滩形成过程变化、水位及水流结构变化。

参考文献

一、英文参考文献

AHMED F, RAJARATNAM N, 1998. Flow around Bridge Piers [J]. Journal of Hydraulic Engineering, 124(3): 288-300.

ANSARI S A, KOTHYARI U C, RANGA RAJU K G, 2002. Influence of Cohesion on Scour around Bridge Piers [J]. Journal of Hydraulic Research, 40(6): 717-729.

ANDRES D, 2000. Bridge Scour [J]. Journal of Hydraulic Engineering, 126(10): 796-798.

ASAHI K, SHIMIZU Y, NELSON J, et al., 2013. Numerical Simulation of River Meandering with Self-evolving Banks [J]. Journal of Geophysical Research Earth Surface, 118(4): 2208-2229.

BAKI A B M, ZHU D Z, HARWOOD A, et al., 2017a. Rock-weir Fishway I: Flow Regimes and Hydraulic Characteristics [J]. Journal of Ecohydraulics: 1-20.

BAKI A B M, ZHU D Z, HARWOOD A, et al., 2017b. Rock-weir Fishway II: Design Evaluation and Considerations [J]. Journal of Ecohydraulics: 1-11.

BAKI A B M, ZHU D Z, RAJARATNAM N, 2015. Turbulence Characteristics in a Rock-ramp-type Fish Pass [J]. Journal of

Hydraulic Engineering, 141(2).

BAKI A B M, ZHU D Z, RAJARATNAM N, 2016. Flow Simulation in a Rock-ramp Fish Pass [J] . Journal of Hydraulic Engineering, 142(10).

BAKI A B M , ZHU D Z , RAJARATNAM N, 2014. Mean Flow Characteristics in a Rock-Ramp-Type Fish Pass [J] . Journal of Hydraulic Engineering,140(2), 156-168.

BAKER C J, 1979. The Laminar Horseshoe Vortex [J] . Journal of Fluid Mechanics, 95(2): 347-367.

BANERJEE M D I, 1971. Sediments and Bed Forms on a Braided Outwash Plain [J] . Canadian Journal of Earth Sciences, 8(10): 1282-1301.

BAPTIST M J, BABOVIC V, UTHURBURU J R, et al., 2007. On Inducing Equations for Vegetation Resistance [J] . Journal of Hydraulic Research, 45(4): 435-450.

BERTOLDI W, DRAKE N A, GURNELL A M, 2011. Interactions Between River Flows and Colonizing Vegetation on a Braided River: Exploring Spatial and Temporal Dynamics in Riparian Vegetation Cover Using Satellite Data [J] . Earth Surface Processes and Landforms, 36(10): 1474-1486.

BENNETT S J, WU W, ALONSO C V, et al., 2010. Modeling Fluvial Response to In-stream Woody Vegetation: Implications for Stream Corridor Restoration [J] . Earth Surface Processes & Landforms, 33(6): 890-909.

BESCHTA R L, RIPPLE W J, 2006. River Channel Dynamics Following Extirpation of Wolves in Northwestern Yellowstone National Park, USA [J]. Earth Surface Processes and Landforms, 31(12): 1525-1539.

BIGGS B J F, DUNCAN M J, FRANCOEUR S N, et al., 1997. Physical Characterisation of Microform bed Cluster Refugia in 12 Headwater Streams, New Zealand [J]. New Zealand Journal of Marine and Freshwater Research, 31(4): 413-422.

BRANCO P, BOAVIDA I, JOSÃ© MARIA SANTOS, et al., 2013. Boulders as Building Blocks: Improving Habitat and River Connectivity for Stream Fish [J]. Ecohydrology, 6(4).

BRAUDRICK C A, DIETRICH W E, LEVERICH G T, et al., 2009. Experimental Evidence for the Conditions Necessary to Sustain Meandering in Coarse-bedded Rivers [J]. Proceedings of the National Academy of Sciences, 106(40): 16936-16941.

BRIAUD J L, 2015. Scour Depth at Bridges: Method Including Soil Properties. I: Maximum Scour Depth Prediction [J]. Journal of Geotechnical and Geoenvironmental Engineering, 141(2): 04014104

BROCARD G Y, BEEK P V D, 2006. Influence of Incision Rate, Rock Strength, and Bedload Supply on Bedrock River Gradients and Valley-flat Widths: Field-based Evidence and Calibrations from Western Alpine Rivers (southeast France) [J]. Special Paper 398:

Tectonics, Climate, and Landscape Evolution：101-126.

BYRD T C, FURBISH D J, WARBURTON J, 2000. Estimating Depth-averaged Velocities in Rough Channels ［J］. Earth Surface Processes and Landforms, 25(2): 167-173.

CALLE M, ALHO P, BENITO G, 2017. Channel Dynamics and Geomorphic Resilience in an Ephemeral Mediterranean River Affected by Gravel Mining ［J］. Geomorphology, 285: 333-346.

CALLANDER R A, 1969. Instability and River Channels ［J］. Journal of Fluid Mechanics Digital Archive, 36(3): 16.

CAROLLO F G, FERRO V, TERMINI D, 2005. Flow Resistance Law in Channels with Flexible Submerged Vegetation ［J］.Journal of Hydraulic Engineering,131(7): 554-564.

CATA O-LOPERA Y A, MARCELO H. GARCÍA, 2007. Geometry of Scour Hole Around, and the Influence of the Angle of Attack on the Burial of Finite Cylinders under Combined Flows ［J］. Ocean Engineering, 34(5-6): 856-869.

CATAÑO-LOPERA Y A , DEMIR S T. GARCÍA M H, 2007. Selfburial of short cylinders under oscillatory flows and combined waves plus currents ［J］. IEEE Journal of Oceanic Engineering, 32(1): 191-203.

CATAÑO-LOPERA Y A , LANDRY B J, GARCÍA M H, 2011. Scour and burial mechanics of conical frustums on a sandy bed under combined flow conditions ［J］ Ocean Engineering.38(10): 1256-1268.

CHIN A, 1989. Step Pools in Stream Channels ［J］. Progress in Physical

Geography, 13(3): 391-407.

CHIN A, 2002. The Periodic Nature of Step-pool Mountain Streams [J]. American Journal of Science, 302(2): 144-167.

CHURCH M, HASSAN M A, WOLCOTT J F, 1998. Stabilizing Self - organized Structures in Gravel - bed Stream Channels: Field and Experimental Observations [J]. Water Resources Research, 34(11): 3169-3179.

CLAUDE N, RODRIGUES, STÉPHANE, BUSTILLO V, et al., 2012. Estimating Bedload Transport in a Large Sand-gravel Bed River from Direct Sampling, Dune Tracking and Empirical Formulas [J]. Geomorphology, 179(Complete): 40-57.

COLES D, 1956. The Law of the Wake in the Turbulent Boundary Layer [J]. Journal of Fluid Mechanics Digital Archive, 1(2): 36.

COOPER J R, ABERLE J, KOLL K, et al., 2013. Influence of Relative Submergence on Spatial Variance and Form-induced Stress of Gravel-bed Flows [J]. Water Resources Research, 49(9): 5765-5777.

CROSATO A, SALEH M S, 2011. Numerical Study on the Effects of Floodplain Vegetation on River Planform Style [J]. Earth Surface Processes & Landforms, 36(6): 711-720.

DAHM V, 2014. Hydromorphologische Steckbriefe der deutschen Fließgewässertypen [M]. Essen, German: 300.

DARGAHI B. Controlling mechanism of local scouring [J]. Journal of Hydraulic Engineering, 1990, 116(10): 1197-1214.

DEMIR S T, GARCÍA M H, 2007. Experimental studies on burial of finite-length cylinders under oscillatory flow [J] . Journal of Waterway, Port, Coastal and Ocean Engineering, 133(2): 117-124.

DEY S, SARKAR S, BOSE S K, et al., 2011. Wall-Wake Flows Downstream of a Sphere Placed on a Plane Rough Wall [J] . Journal of Hydraulic Engineering,137(10): 1173–1189.

DEY S, 2014. Turbulence in open-channel flows [J] . Journal of Hydraulic Engineering, 120 (3) : 1235-1237.

DEY S, 1995. Three-dimensional vortex flow field around a circular cylinder in a quasi-equilibrium scour hole [J] . Sadhana-academy proceedings in engineering sciences, 20(6): 871-885.

DEY S, RAIKAR R V, 2007. Characteristics of horseshoe vortex in developing scour holes at piers [J] . Journal of Hydraulic Engineering, 133(4): 399-413.

DEY S , RAIKAR R V , ROY A, 2008.Scour at Submerged Cylindrical Obstacles under Steady Flow [J] .Journal of Hydraulic Engineering, 134(1): 105-109.

DIPLAS P, SUTHERLAND A J, 1988. Sampling techniques for gravel sized sediments [J] . Journal of Hydraulic Engineering, 114(5): 484-501.

DIXEN M , SUMER B M ,FREDSØE J, 2013. Numerical and experimental investigation of flow and scour around a half-buried sphere [J] . Coastal Engineering, 73(7): 84–105.

DURST F, FRIEDRICH R, LAUNDER B E, et al., 1991. Turbulent Shear Flows 8: Selected Papers from the Eighth International Symposium on Turbulent Shear Flows [C]. Munich, Germany, September 9 - 11.

EDWARDS P J, KOLLMANN J, GURNELL A M, et al., 1999. A conceptual model of vegetation dynamics of gravel bars of a large Alpine river [J]. Wetlands Ecology and Management, 7(3): 141-153.

EULER T, HERGET J, 2012. Controls on local scour and deposition induced by obstacles in fluvial environments [J]. Catena(91): 35-46.

EULER T, HERGET J, 2011. Obstacle-Reynolds-number based analysis of local scour at submerged cylinders [J]. Journal of Hydraulic Research, 49(2): 267-271.

EULER T, HERGET J, SCHLÖMER O, et al., 2017. Hydromorphological processes at submerged solitary boulder obstacles in streams [J]. Catena, 157: 250-267.

ELLIOTT B L, MCLACHLAN K A, 2000. Patterns of development and succession of vegetated hummocks in slacks of the alexandria coastal dune field, South Africa [J]. Journal of Coastal Conservation, 6(1): 79-88.

ERRICO A, PASQUINO V, MAXWALD M, et al., 2018. The effect of flexible vegetation on flow in drainage channels: Estimation of roughness coefficients at the real scale [J]. Ecological Engineering(120): 411-421.

ETTEMA R, CONSTANTINESCU G, MELVILLE B, 2011. Evaluation of bridge scour research: Pier scour processes and predictions [M]. National Academies of Sciences, Engineering, and Medicine, Washington, DC: The National Academies Press.

FATHI-MAGHADAM M, KOUWEN N, 1997. Nonrigid, nonsubmerged, vegetative roughness on floodplains [J]. Journal ofHydraulic Engineering, 123(1): 51-57.

FAN L S, TSUCHIYA K, 1990. Bubble wake dynamics in liquids and liquid-solid suspensions [J]. Bubble Wake Dynamics in Liquids & Liquid-solid Suspensions: 331-332.

FERRO V, 2010. ADV measurements of velocity distributions in a gravelbed flume [J]. Earth Surface Processes & Landforms, 28 (7): 707-722.

FERRO V, BAIAMONTE G, 1994. Flow velocity profiles in gravel bed rivers [J]. Journal of Hydraulic Engineering, 120 (1): 60-80.

FISHER A C, KLINGEMAN P C, 2015. Local scour at fish rocks [C]. Water for Resource Development. ASCE.

FRANKLIN A E, HARO A, CASTRO-SANTOS T, et al., 2012. Evaluation of nature-like and technical fishways for the passage of alewives at two coastal streams in New England [J]. Transactions of the American Fisheries Society, 141(3): 624-637.

FRIEDRICHS C T, RENNIE S E, BRANDT A, 2016a. Self-burial of objects on sandy beds by scour: A synthesis of observations [C].

Scour and Erosion - Proceedings of the 8th International Conference on Scour and Erosion, ICSE 2016: 179-189.

FRIEDRICHS C T, RENNIE S E, BRANDT A, 2016b. Simple Parameterized Models for Predicting Mobility, Burial and Re-exposure of Underwater Munitions [C] . Final Report.

GARCIA M H, 2008. Sedimentation engineering (processes, measurements, modeling, and practice) Index [J] . Sedimentation Engineering (110) : 1115-1132.

GILVEAR D, WILLBY N, 2010. Channel dynamics and geomorphic variability as controls on gravel bar vegetation; River Tummel, Scotland [J] . River Research & Applications, 22(4): 457-474.

GRAF W H, ISTIARTO I, 2002. Flow pattern in the scour hole around a cylinder [J] . Journal of Hydraulic Research, 40(1): 13-20.

GRANT G E, SWANSON F J, WOLMAN M G, 1990. Pattern and origin of stepped-bed morphology in high-gradient streams, Western Cascades, Oregon [J] . Geological Society of America Bulletin, 102(3): 340-352.

GURNELL A M, PETTS G E, 2010. Island-dominated landscapes of large floodplain rivers, a European perspective [J] . Freshwater Biology, 47(4): 581-600.

GURNELL A M, BERTOLDI W, CORENBLIT D, 2012a. Changing river channels: The roles of hydrological processes, plants and pioneer fluvial landforms in humid temperate, mixed load, gravel bed rivers

［J］. Earth-Science Reviews, 111(1-2): 129-141.

GURNELL A M, MORRISSEY I P, BOITSIDIS A J, et al., 2006. Initial adjustments within a new river channel: interactions between fluvial processes, colonizing vegetation, and bank profile development ［J］. Environmental Management, 38(4): 580-596.

GURNELL, ANGELA, 2012b. Fluvial geomorphology: wood and river landscapes ［J］. Nature Geoscience, 5(2): 93-94.

HAJIMIRZAIE S M, TSAKIRIS A G, BUCHHOLZ J H J, et al., 2014. Flow characteristics around a wall-mounted spherical obstacle in a thin boundary layer ［J］. Experiments in Fluids, 55(6): 1762-511.

HAJIMIRZAIE S M, TSAKIRIS A, BUCHHOLZ J, et al., 2012. Effect of relative submergence on the flow structure in the wake of wall-mounted spherical obstacle ［C］.65th Annual Meeting of the APS Division of Fluid Dynamics. American Physical Society.

HANNAH C R, 1978. Scour at pile groups ［R］. Research Report 28-3, Civil Engineering Department University of Canterbury, Christchurch, New Zealand.

HASSAN M A, REID I, 2010. The influence of microform bed roughness elements on flow and sediment transport in gravel bed rivers ［J］. Earth Surface Processes & Landforms, 17(5): 535-538.

HEIMERL S, KRUEGER F, WURSTER H, 2008. Dimensioning of fish passage structures with perturbation boulders ［J］. Hydrobiologia, 609(1): 197-204.

HOOKE J M, 2007. Monitoring morphological and vegetation changes and flow events in dryland river channels ［J］. Environmental Monitoring and Assessment, 127(1-3): 445-457.

HUAI W, WANG W, HU Y, et al., 2014. Analytical model of the mean velocity distribution in an open channel with double-layered rigid vegetation ［J］. Advances in Water Resources（69）: 106-113.

HUAI W, WANG W, ZENG Y, 2013. Two-layer model for open channel flow with submerged flexible vegetation ［J］. Journal of Hydraulic Research, 51(6): 708-718.

KELLER E A, BEAN G, BEST D, 2015. Fluvial geomorphology of a boulder-bed, debris-flow — Dominated channel in an active tectonic environment ［J］. Geomorphology（243）: 14-26.

KIM S C, FRIEDRICHS C T, MAA J P Y, et al., 2000. Estimating bottom stress in tidal boundary layer from acoustic doppler velocimeter data ［J］. Journal of Hydraulic Engineering, 126(6): 399-406.

KIRKIL G, CONSTANTINESCU S G, ETTEMA R, 2008. Coherent Structures in the Flow Field around a Circular Cylinder with Scour Hole ［J］. Journal of Hydraulic Engineering, 134(5): 572-587.

KNIGHTON D, 2000. Fluvial Forms and Processes: A New Perspective ［J］. South African geographical journal, 82(2): 130-131.

KRAJNOVIĆ S, 2007. Flow around a surface-mounted finite cylinder: a challenging case for LES ［M］. Advances in Hybrid RANS-LES Modelling. Springer Berlin Heidelberg.

KUCUKALI S, COKGOR S, 2008. Boulder-flow interaction associated with self-aeration process [J] . Journal of Hydraulic Research, 46(3): 415-419.

LACEY R W J, RENNIE C D, 2012. Laboratory investigation of turbulent flow structure around a bed-mounted cube at multiple flow stages [J] . Journal of Hydraulic Engineering, 138(1): 71-84.

LACEY R W J, ROY A G, 2008. The spatial characterization of turbulence around large roughness elements in a gravel-bed river [J] . Geomorphology, 102(3-4): 0-553.

LARONNE J B , CARSON M A, 1976.Interrelationships between bed morphology and bed - material transport for a small, gravel - bed channel* [J] .Sedimentology, 23(1): 67-85.

LEE H Y, HSU I S, 1994. Investigation of Saltating Particle Motions [J] . Journal of Hydraulic Engineering, 120(7): 831-845.

LI R M, SHEN H W, 1973. Effect of tall vegetations on flow and sediment [J] . Journal of The Hydraulics Division, ASCE, 99(HY5): 793-814.

LIU C, NEPF H, 2016. Sediment deposition within and around a finite patch of model vegetation over a range of channel velocity [J] . Water Resources Research, 52(1): 600-612.

LIU Y, STOESSER T, FANG H, et al., 2017. Turbulent flow over an array of boulders placed on a rough, permeable bed [J] . Computers and Fluids（158）: 120-132.

LOPEZ E, DUNN C, GARCIA M,1995. Turbulent open-channel flow through simulated vegetation [J] . International Water Resources Engineering Conference-Proceedings(l): 99-103.

LUHAR M, NEPF H M, 2013. From the blade scale to the reach scale: A characterization of aquatic vegetative drag [J] . Advances in Water Resources（51）: 305-316.

MACWILLIAMS M L, WHEATON J M, PASTERNACK G B, et al., 2006. Flow convergence routing hypothesis for pool-riffle maintenance in alluvial rivers [J] . Water Resources Research, 42(10): 1-21.

MANES C, POKRAJAC, D, MCEWAN I, et al., 2009. Turbulence structure of open channel flows over permeable and impermeable beds: A comparative study [J] . Physics of Fluids, 21(12), 125109.

MCLEAN S R, NELSON J M, WOLFE S R, 1994. Turbulence structure over two-dimensional bed forms: implications for sediment transport [J] . Journal of Geophysical Research, 99(C6): 12729-12747.

MELVILLE B W, 1975. Local scour at bridge sites [R] . Report No.117, University of Auckland, School of Engineering, New Zealand.

MELVILLE B W, 1997. Pier and Abutment Scour: Integrated Approach [J] . Journal of Hydraulic Engineering, 23(2): 125-136.

MELVILLE B W, COLEMAN S E ,2000. Bridge scour [M] . Water Resources,Fort Collins, Colo.

MILLER S W, BUDY P, SCHMIDT J C, 2010. Quantifying

Macroinvertebrate Responses to In-Stream Habitat Restoration: Applications of Meta-Analysis to River Restoration [J]. Restoration Ecology, 18(1): 8-19.

MONTGOMERY D R, BUFFINGTON J M, 1997. Channel-reach morphology in mountain drainage basins [J]. Geological Society of America Bulletin, 109(5): 596-611.

MONSALVE A, YAGER E M, SCHMEECKLE M W, 2017. Effects of bedforms and large protruding grains on near-bed flow hydraulics in low relative submergence conditions [J]. Journal of Geophysical Research: Earth Surface, 122(10): 1845-1866

MUZZAMMIL M, GANGADHARIAH T, 2003. The mean characteristics of horseshoe vortex at a cylindrical pier [J]. Journal of Hydraulic Research, 41(3): 285-297.

MURRAY A B, PAOLA C, 2003. Modelling the effect of vegetation on channel pattern in bedload rivers [J]. Earth Surface Processes and Landforms, 28(2): 131-143.

NEZU I, NAKAGAWA H, JIRKA G H, 1993. Turbulence in Open-channel Flows [J].Journal of Hydraulic Engineering, 120(10): 1235-1237.

NEPF H M, 1999. Drag, turbulence, and diffusion in flow through emergent vegetation [J]. Water Resources Research, 35(2): 479-489.

NEPF H M, 2012. Hydrodynamics of vegetated channels [J]. Journal of Hydraulic Research, 50(3): 262-279.

NEPF H, GHISALBERTI M, 2008. Flow and transport in channels with submerged vegetation [J]. Acta Geophysica, 56(3): 753-777.

NEZU I, SANJOU M, 2011. PIV and PTV measurements in hydro-sciences with focus on turbulent open-channel flows [J]. Journal of Hydro-environment Research, 5(4): 215-230.

NOKES R I, 2009. Streams Version 1.00 System Theory and Design [M]. Department of Civil and Natural Resources Engineering, University of Canterbury.

OERTEL M, PETERSEIM S, SCHLENKHOFF A, 2011.Drag coefficients of boulders on a block ramp due to interaction processes [J].Journal of Hydraulic Research, 49(3): 372-377.

OKAMOTO S,1982. Turbulent Shear Flow Behind Hemisphere-Cylinder Placed on Ground Plane [J].Turbulent Shear Flows 3: 171–185.

OKAMOTO S, 1979. Turbulent shear flow behind hemispherecylinder placed on ground plane [M] //. L J S Bradbury, F Durst, B E Launder, et al Turbulent Shear Flows 2, Springer, New York: 171-185.

OKAMOTO S AND KATAOKA S. Flow past cone placed on flat plate [J]. Bull. Japan Soc. Mech. Eng. 1977(20): 329-336.

PÅ KROGSTAD, ANTONIA R A, BROWNE L W B, 1992. Comparison between rough- and smooth-wall turbulent boundary layers [J]. Journal of Fluid Mechanics, 245(1): 599-617.

PALMER V J, 1945. A method for designing vegetated waterways [J].

Agricultural Engineering, 26(12): 516-520.

PARKER G, SHIMIZU Y, WILKERSON G V, et al., 2011. A new framework for modeling the migration of meandering rivers [J] . Earth Surface Processes and Landforms, 36(1): 70-86.

PAPANICOLAOU A N , SCHUYLER A, 2003.Cluster Evolution and Flow-Frictional Characteristics under Different Sediment Availabilities and Specific Gravity [J] . Journal of Engineering Mechanics, 129(10): 1206-1219.

PAPANICOLAOU A N, KRAMER C, 2006. The role of relative submergence on cluster microtopography and bedload predictions in mountain streams [C] . River, Coastal and Estuarine Morphodynamics: RCEM 2005 - Proceedings of the 4th IAHR Symposium on River, Coastal and Estuarine Morphodynamics: 1083-1086.

PAPANICOLAOU A N , STROM K , SCHUYLER A , et al., 2010. The role of sediment specific gravity and availability on cluster evolution [J] . Earth Surface Processes & Landforms, 28（1）: 69-86.

PAPANICOLAOU A N , ELHAKEEM M , DERMISIS D ,et al., 2011. Investigating the Role of Fish Rocks on the Movement of Sand over Gravel Bed Rivers [C] //IAHR Congress.

PAPANICOLAOU A N, KRAMER C M, TSAKIRIS A G, et al., 2012. Effects of a fully submerged boulder within a boulder array on the mean and turbulent flow fields: Implications to bedload transport

[J] . Acta Geophysica, 60(6): 1502-1546.

PASTERNACK G B, BOUNRISAVONG M K, PARIKH K K, 2008. Backwater control on riffle-pool hydraulics, fish habitat quality, and sediment transport regime in gravel-bed rivers [J] . Journal of Hydrology (Amsterdam), 357(1-2): 125-139.

PATTENDEN R J, TURNOCK S R, ZHANG X, 2005. Measurements of the flow over a low-aspect-ratio cylinder mounted on a ground plane [J] . Experiments in Fluids, 39(1): 10-21.

PERUCCA E, CAMPOREALE C, RIDOLFI L, 2007. Significance of the riparian vegetation dynamics on meandering river morphodynamics [J] . Water Resources Research, 43(3): W03430.

PERONA P, CAMPOREALE C, PERUCCA E, et al., 2009. Modelling river and riparian vegetation interactions and related importance for sustainable ecosystem management [J] . Aquatic Sciences, 71(3): 266-278.

POFF L R, WARD J V, 1990. Physical habitat template of lotic systems: Recovery in the context of historical pattern of spatiotemporal heterogeneity [J] .Environmental Management, 14(5): 629-645.

RAMESHWARAN P, SHIONO K, 2007. Quasi two-dimensional model for straight overbank flows through emergent [J] . Journal of Hydraulic Research, 45(3): 302-315.

REID I , FROSTICK L E , BRAYSHAW A C , 1992.Microform roughness elements and the selective entrainment and entrapment of particles in gravel-bed rivers [M] . 253-275.

RENNIE S E, BRANDT A, FRIEDRICHS C T, 2017. Initiation of motion and scour burial of objects underwater [J] . Ocean Engineering, 131(FEB.1): : 282-294.

ROY A G, BUFFIN-BÉLANGER T, LAMARRE H, et al., 2004. Size, shape and dynamics of large-scale turbulent flow structures in a gravel-bed river [J] . Journal of Fluid Mechanics, (500): 1-27.

SADEQUE M A, RAJARATNAM N, LOEWEN M R, 2008. Flow around cylinders in open channels [J] . Journal of Engineering Mechanics, 134(1): 60-71.

SARKAR K, CHAKRABORTY C, MAZUMDER B S, 2016. Variations of bed elevations due to turbulence around submerged cylinder in sand beds [J] . Environmental Fluid Mechanics, 16(3): 659-693.

SAVORY E, TOY N, 1986. The flow regime in the turbulent near wake of a hemisphere [J] . Experiments in Fluids, 4(4): 181-188.

SAWYER A M, PASTERNACK G B, MOIR H J, et al., 2010. Riffle-pool maintenance and flow convergence routing observed on a large gravel-bed river [J] . Geomorphology, 114(3): 0-160.

SCHURING J R, DRESNACK R, GOLUB E, et al., 2010. Review of bridge scour practice in the U.S. [M] . International Conference on Scour and Erosion (ICSE-5): 1110-1119.

SCHNAUDER I, MOGGRIDGE H L, 2009. Vegetation and hydraulic-morphological interactions at the individual plant, patch and channel scale [J] . Aquatic Sciences, 71(3): 318-330.

SHAMLOO H, RAJARATNAM N, KATOPODIS C, 2001. Hydraulics of simple habitat structures [J] . Journal of Hydraulic Research, 39(4): 351-366.

SHEPPARD D M, DEMIR H, MELVILLE B, 2011. Scour at wide piers and long skewed piers [M] . TRB' s National Cooperative Highway Research Program (NCHRP) Report 682.

SHEN H W, 1971. River mechanics [M] . Colorado: Fort Collins.

SHEN Y, DIPLAS P, 2008. Application of two- and three-dimensional computational fluid dynamics models to complex ecological stream flows [J] . Journal of Hydrology (Amsterdam), 348(1-2): 195-214.

SHIONO K, SPOONER J, CHAN T, et al., 2010. Flow characteristics in meandering channels with non-mobile [J] . Journal of Hydraulic Research, 46(1): 113-132.

SHIONO K, CHAN T L, SPOONER J, et al., 2009. The effect of floodplain roughness on flow structures, bedforms and sediment transport rates in meandering channels with overbank flows: Part I [J] . Journal of Hydraulic Research, 47(1): 5-19.

SIMPSON R L, 2001. Junction flows [J] . Annual Review of Fluid Mechanics, 33: 415-443.

SMART G, PLEW D, GATEUILLE D, 2010. Eddy educed entrainment [J] . River Flow: 747-754.

SMITH H D, FOSTER D L, 2007. Three-dimensional flow around

a bottom-mounted short cylinder [J]. Journal of Hydraulic Engineering, 133(5): 534-544.

SOULSBY R L, 1981. Measurements of the Reynolds stress components close to a marine sand bank [J]. Marine Geology, 42(1-4): 35-47.

STAPLETON K R, HUNTLEY D A, 2010. Seabed stress determinations using the inertial dissipation method and the turbulent kinetic energy method [J]. Earth Surface Processes & Landforms, 20(9): 807-815.

STROM K, PAPANICOLAOU A N, EVANGELOPOULOS N, et al., 2004.Microforms in gravel bed rivers, formation, disintegration and effects on bedload transport [J]. Journal of Hydraulic Engineering,130(6): 554–567.

STROM K B, PAPANICOLAOU A N, 2007a. Morphological characterization of cluster microforms [J]. Sedimentology, 55(1): 137-153.

STROM K B, PAPANICOLAOU A N, 2007b. ADV measurements around a cluster microform in a shallow mountain stream [J]. Journal of Hydraulic Engineering, 133(12): 1379-1389.

SUMER B M, TRUELSEN C, SICHMANN T, et al., 2001. Onset of scour below pipelines and self-burial [J]. Coastal Engineering 42(4): 313-335.

SUMER SUMER B M, FREDSOE J, 2002. TIME SCALE OF SCOUR AROUND A LARGE VERTICAL CYLINDER IN WAVES [C] //

International Offshore and polar engineering conference.

TAL M, PAOLA C, 2007. Dynamic single-thread channels maintained by the interaction of flow and vegetation [J] . Geology, 35(4): 1651-1656.

TAL M, PAOLA C, 2010. Effects of vegetation on channel morphodynamics: results and insights from laboratory experiments [J] . Earth Surface Processes & Landforms, 35(9): 1014-1028.

BUFFIN-BÉLANGER T, ROY A G, 1998. Effects of a pebble cluster on the turbulent structure of a depth-limited flow in a gravel-bed river [J] . Geomorphology, 25(3): 249-267.

DRAKE T G, SHREVE R L , DIETRICH W E , et al., 1988. Bedload transport of fine gravel observed by motion-picture photography [J] . Journal of Fluid Mechanics, 192(192): 193-217.

TOOMAN T P, 1997. Strategic environmental research and development program: atmospheric remote sensing and assessment program-final report. Part 1: The lower atmosphere [R] . Office of Scientific & Technical Information Technical Reports.

TREMBANIS A C, FRIEDRICHS C T, RICHARDSON, M D, et al., 2007. Predicting seabed burial of cylinders by wave-induced scour: application to the sandy inner shelf off florida and massachusetts [J] . IEEE Journal of Oceanic Engineering, 32(1): 167-183.

TRITICO H M, HOTCHKISS R H, 2005. Unobstructed and obstructed turbulent flow in gravel bed rivers [J] . Journal of Hydraulic

Engineering, 131(8): 635-645.

TRUELSEN C, SUMER B M, FREDS E J, 2005. Scour around spherical bodies and self-burial [J] . Journal of Waterway, Port, Coastal, and Ocean Engineering, 131(1): 1-13.

TSAKIRIS A G, PAPANICOLAOU A N T, HAJIMIRZAIE S M, et al., 2014. Influence of collective boulder array on the surrounding time-averaged and turbulent flow fields [J] . Journal of Mountain Science, 11(6): 1420-1428.

TSUJIMOTO T, 1999. Fluvial processes in streams with vegetation [J] . Journal of Hydraulic Research, 37(6): 789-803.

TSUTSUMI D, LARONNE J B, PAPANICOLAOU A N, et al., 2017. Boulder effects on turbulence and bedload transport [M] . Gravel - Bed Rivers. John Wiley & Sons, Ltd.

TUBINO M, 1991. Growth of alternate bars in unsteady flow [J] . Water Resources Research, 27(1): 37-52.

UNGER J, HAGER W H, 2007. Down-flow and horseshoe vortex characteristics of sediment embedded bridge piers [J] . Experiments in Fluids, 42(1): 1-19.

VARGAS-LUNA, ANDRÉS, CROSATO A, et al., 2015. Effects of vegetation on flow and sediment transport: comparative analyses and validation of predicting models [J] . Earth Surface Processes and Landforms, 40(2): 157-176.

VELASCO D, BATEMAN A, REDONDO J M, et al., 2003. An open

channel flow experimental and theoretical study of resistance and turbulent characterization over flexible vegetated linings ［J］. Flow, Turbulence and Combustion,70(1-4): 69-88.

VOROPAYEV S I, MCEACHERN G B, BOYER D L,et al., 1999. Dynamics of sand ripples and burial/scouring of cobbles in oscillatory flow. Applied Ocean Research 21(5): 249-261.

VOROPAYEV S I, TESTIK F Y, FERNANDO H J S, et al., 2003. Burial and scour around short cylinder under progressive shoaling waves ［J］. Ocean Engineering, 30(13): 1647-1667.

WANG Z Y, XU J, LI C Z, 2004a. Development of step-pool sequence and its effects in resistance and stream bed stability. International Journal of Sediment Research, 19(5): 161-171

WANG Z Y, HUANG G H, WANG G Q, et al., 2004b. Modeling of vegetation-erosion dynamics in watershed systems. Journal of Environmental Engineering, ASCE, 130(7): 792-800.

WANG Z, MELCHING C S, DUAN X, et al., 2009. Ecological and hydraulic studies of step-pool systems ［J］. Journal of Hydraulic Engineering, 135(9): 705-717.

WHITE J Q, PASTERNACK G B, MOIR H J, 2010. Valley width variation influences riffle-pool location and persistence on a rapidly incising gravel-bed river ［J］. Geomorphology, 121(3-4): 206-221.

WHITEHOUSE R J S, 1998. Scour at Marine Structures ［M］. London,

U.K.: Thomas Telford.

WILCOX A C, WOHL E E, COMITI F, et al., 2011. Hydraulics, morphology, and energy dissipation in an alpine step-pool channel [J]. Water Resources Research, 47(7): 197-203.

WITTENBERG L, LARONNE J B, M D, 2007. Newson. Bed clusters in humid perennial and Mediterranean ephemeral gravel-bed streams: The effect of clast size and bed material sorting [J]. Journal of Hydrology, 334(3-4): 0-318.

WINTENBERGER C L, STÉPHANE RODRIGUES, CLAUDE N, et al., 2015. Dynamics of nonmigrating mid-channel bar and superimposed dunes in a sandy-gravelly river (Loire River, France) [J]. Geomorphology, 248: 185-204.

WOHL E E, GRODEK T, 1994. Channel bed-steps along Nahal Yael, Negev desert, Israel [J]. Geomorphology, 9(2): 117-126.

WOHL E E, 2010. Gradient irregularity in the herbert gorge of Northeastern Australia [J]. Earth Surface Processes & Landforms, 17(1): 69-84.

WOLMAN M G, 1954. A method for sampling coarse river-bed material [J]. Eos Transactions American Geophysical Union, 35(6): 951-956.

YAGER E M, KIRCHNER J W, DIETRICH W E, 2007. Calculating bed load transport in steep boulder bed channels [J]. Water Resources Research, 43: 1-24.

YAGCI O, CELIK M F, KITSIKOUDIS V, et al., 2016. Scour patterns around isolated vegetation elements [J]. Advances in Water Resources, 97: 251-265.

YANG K, CAO S, KNIGHT D W, 2007. Flow patterns in compound channels with vegetated floodplains [J]. Journal of Hydraulic Engineering, 133(2): 148-159.

ZAGNI A F E , SMITH K V H .Channel flow over permeable beds of graded spheres [J].American Society of Civil Engineers, 1976, 102(2): 207-222.

ZIPPE J H ,GRAF H W , 1983. Turbulent boundary-layer flow over permeable and non-permeable rough surfaces [J]. Journal of Hydraulic Research,21(1): 51–65.

YUAN-YA L, 2004. 3-D numerical modeling of local scour around bridge pier [C]. Proceedings of the Ninth International Symposium on River Sedimentation.Beijing: Water PowerPress: 1492-1493.

二、中文参考文献

崔鹏，王道杰，韦方强，2005.干热河谷生态修复模式及其效应——以中国科学院东川泥石流观测研究站为例［J］.中国水土保持科学，3（3）：60-64.

陈群，戴光清，朱分清，等，2003.影响阶梯溢流坝消能率的因素
　　［J］.水力发电学报（4）：95-104.

曹叔尤，刘兴年，黄尔，等，2009.地震背景下的川江流域泥沙与河
　　床演变问题研究进展［J］.四川大学学报（工程科学版），41
　　（3）：26-34.

曹叔尤，刘兴年，2016.泥沙补给变化下山区河流河床适应性调整与
　　突变响应［J］.四川大学学报（工程科学版），48（1）：1-7.

韩其为，何明民，陈显维，1992.汉道悬移质分沙的模型［J］.泥沙
　　研究（1）：46-56.

陆长石，1991.川江卵石滩成因分析［J］.水利水运科学研究（4）：
　　411-415.

刘德良，李玉成，李林普，等，2004.波流作用下大尺度圆柱周围局
　　部冲刷深度简化数值模型［J］.大连理工大学学报，44（6）：
　　866-869.

刘怀湘，王兆印，陆永军，等，2011.山区下切河流地貌演变机理及
　　其与河床结构的关系［J］.水科学进展，22（3）：367-372.

李文哲，王兆印，李志威，等，2014.阶梯-深潭系统的水力特性
　　［J］.水科学进展，25（3）：374-382.

李文哲，王兆印，李志威，2013.阶梯-深潭系统消能率试验研究
　　［J］.四川大学学报（工程科学版），45（S2）：61-65.

李文哲，李志威，王兆印，2017.推移质输沙对阶梯-深潭系统消能
　　的影响［J］.水科学进展，28（3）：338-345

卢洋，2016.漓江江心洲植被演替及其修复机制研究［D］.北京：

北京林业大学.

齐梅兰,2005.采沙河床桥墩冲刷研究［J］.水利学报（7）：835-839.

王协康,王冰洁,王海周,等,2016.山区河流浅水条件下漂石对河床响应与泥沙补给影响的试验研究［J］.四川大学学报（工程科学版）,48（6）：46-50.

王协康,杨青远,王宪业,等,2006.卵石床面清水冲刷稳定形态及其水流结构试验研究［J］.四川大学学报（工程科学版）,38（3）：6-12.

王宪业,王协康,刘兴年,等,2007.卵砾石河道摩阻流速计算方法探讨［J］.水利水电科技进展,27（5）：14-18.

谢洪,钟敦伦,2000.城镇泥石流减灾系统工程刍议［J］.水土保持学报,14（s1）：136-140.

许强,2010.四川省8·13特大泥石流灾害特点、成因与启示［J］.工程地质学报,18（5）：596-608.

叶晨,王海周,郑媛予,等,2017.山区河流河床对漂石的突变响应及其近底水流结构特征［J］.工程科学与技术,49（3）：22-28.

余国安,王兆印,张康,等,2008.应用人工阶梯-深潭治理下切河流——吊嘎河的尝试［J］.水力发电学报,27（1）：85-89.

余国安,2008.河床结构对推移质运动及下切河流影响的试验研究［D］.北京：清华大学.

章书成,1989.泥石流研究述评［J］.力学进展,19（3）：365-375.